T0192761

BestMasters

Mit „BestMasters" zeichnet Springer die besten Masterarbeiten aus, die an renommierten Hochschulen in Deutschland, Österreich und der Schweiz entstanden sind. Die mit Höchstnote ausgezeichneten Arbeiten wurden durch Gutachter zur Veröffentlichung empfohlen und behandeln aktuelle Themen aus unterschiedlichen Fachgebieten der Naturwissenschaften, Psychologie, Technik und Wirtschaftswissenschaften.

Die Reihe wendet sich an Praktiker und Wissenschaftler gleichermaßen und soll insbesondere auch Nachwuchswissenschaftlern Orientierung geben.

Simon Weingarten

Szintillationsdetektoren mit Silizium-Photomultipliern

Prototypen für eine Erweiterung des Myon-Triggers am CMS-Experiment

Mit einem Geleitwort von PD Dr. Oliver Pooth

 Springer Spektrum

Simon Weingarten
Aachen, Deutschland

BestMasters
ISBN 978-3-658-09760-8   ISBN 978-3-658-09761-5 (eBook)
DOI 10.1007/978-3-658-09761-5

Die Deutsche Nationalbibliothek verzeichnet diese Publikation in der Deutschen Nationalbibliografie; detaillierte bibliografische Daten sind im Internet über http://dnb.d-nb.de abrufbar.

Springer Spektrum

Gedruckt auf säurefreiem und chlorfrei gebleichtem Papier

Springer Fachmedien Wiesbaden ist Teil der Fachverlagsgruppe Springer Science+Business Media
(www.springer.com)

Geleitwort

In seiner Masterarbeit hat Herr Weingarten Prototyp-Detektoren entwickelt, die für das geplante MTT-Projekt im CMS-Experiment vorgesehen sind. Es handelt sich hierbei um Szintillationsdetektoren, die mit Silizium-Photomulipliern (SiPM) ausgelesen werden. Die Arbeit ist im Themenbereich der allgemeinen Laborarbeiten angesiedelt und wurde in der CMS-Arbeitsgruppe des III. Physikalischen Instituts B der RWTH Aachen angefertigt. Die zu untersuchenden Detektoren sind Prototypen für eine mögliche zusätzliche Detektorkomponente des CMS-Experiments am geplanten High-Luminosity-LHC (HL-LHC), dem Nachfolger des aktuell leistungsstärksten Teilchenbeschleunigers LHC. Die Detektoren sollen hier zur Messung von hochenergetischen Myonen eingesetzt werden. Aufgabenstellung für Herrn Weingarten war die Qualifizierung und systematische Untersuchung von Prototyp-Detektoren im Hinblick auf verschiedene Detektorparameter. Unter Berücksichtigung der Reproduzierbarkeit untersuchte Herr Weingarten den Einfluss der Ankopplung der SiPMs an den Szintillator, der Umwicklung der Detektoren mit reflektierenden Materialien, der Polierung der Szintillatoroberfläche sowie der Szintillatordicke. Dazu entwickelte Herr Weingarten einen geeigneten Trigger für kosmische Myonen, sowie einen VME-basierten Teststand mit FADC, QDC und Zähler inklusive der notwendigen DAQ- und Auswertesoftware.

Herr Weingarten hat einen Detektor entwickelt, der zuverlässig Myonen mit einer Signalreinheit von über 99,9 % (bei einer Signalhöhe von > 40 mV) und einer Effizienz von über 99,5 % (bei einer Signalhöhe von < 100 mV) detektiert. Die Bestimmung dieser Werte erfolgte auf wissenschaftlich hohem Niveau. Im Ausblick beschreibt Herr Weingarten einen Nachfolge-Detektor mit vergrößerter Detektionsfläche und integrierten wellenlängenschiebenden Fasern zur Lichtsammlung. Eine systematische Untersuchung ist im Rahmen dieser Masterarbeit nicht mehr möglich gewesen, gehörte aber auch nicht zur ursprünglichen Aufgabenstellung. Es ist insofern ein bemerkenswerter Zusatz in der zur Verfügung stehenden Zeit gewesen.

Es handelt sich um eine exzellente Masterarbeit. Die wissenschaftlichen Erkenntnisse über den Prototyp-Detektor und insbesondere die entwickelten Teststände sind für zukünftige Tests von Prototypen, die mit SiPMs ausgelesen werden, extrem hilfreich.

Aachen   Oliver Pooth

Institutsprofil

Das III. Physikalische Institut B der RWTH Aachen arbeitet seit 1967 im Bereich der experimentellen Teilchen- und Astroteilchenphysik. Leitlinie unseres Instituts ist die Erforschung der elementaren Teilchen und ihrer Wechselwirkungen bei höchsten Energien. Wir studieren die fundamentalen Bausteine der Materie an den weltweit größten Teilchenbeschleunigeranlagen und Observatorien für kosmische Teilchen, an denen wir internationale Experimente aktiv mitgestalten. Dazu zählen das CMS-Experiment am CERN in der Schweiz und das T2K-Experiment in Japan. Am Teilchenbeschleuniger COSY in Jülich laufen Studien zur Messung des elektrischen Dipolmoments des Protons.

Neutrinos untersuchen wir auch an Experimenten, die nahe an Kernreaktoren durchgeführt werden. An der belgisch-französischen Grenze befindet sich das Double-Chooz-Experiment im Betrieb und in China befindet sich das JUNO Experiment in der Aufbauphase. Am Südpol beteiligen wir uns am Betrieb und der Datenauswertung des IceCube-Experiments, das höchstenergetische Neutrinos detektiert und Quellen dieser Strahlung identifizieren will.

Weitere Forschungsfelder, die sich in den vergangenen Jahren aufgetan haben, sind der Einsatz von Werkzeugen der Teilchenphysik im Bereich der medizinischen Strahlentherapie und Machbarkeitsstudien für eine Raumfahrtmission, die Leben auf dem Saturnmond Enceladus nachweisen will. Viele dieser Arbeiten werden erst durch den Einsatz von GRID-Computing Strukturen möglich. Wir betreiben eine Tier-2-GRID Station im Rahmen des Worldwide LHC Computing Grids (WLCG). Ermöglicht werden exzellente Beiträge durch große Institutswerkstätten, eine leistungsfähige Rechnerstruktur und die starke Unterstützung durch Forschungsmittel des BMBF, der DFG und der HGF-Allianz, die sorgfältig verwaltet und eingesetzt werden.

Vorwort

Die präsentierte Masterarbeit entstand im Zeitraum von Oktober 2012 bis September 2013 unter der Betreuung von Dr. Oliver Pooth am III. Physikalischen Institut B der RWTH Aachen und wurde unter dem Titel „Prototypdetektoren für das geplante Upgradeprojekt „Muon Track fast Tag" am CMS-Experiment" eingereicht.

Der Einsatz von Silizium-Photomultipliern (SiPM) gewinnt zunehmend an Bedeutung in der Teilchenphysik und besonders die Kombination mit szintillierenden Materialien verschiedener Typen kommt häufig zum Einsatz. Seit der Abgabe dieser Masterarbeit werden auch die hier vorgestellten Detektoren stetig weiterentwickelt und zwei weitere Masterarbeiten, die sich gezielt mit SiPM-Eigenschaften und Frontend-Elektronik auseinandergesetzt haben, sind bereits abgeschlossen. Im Oktober 2014 wurden darüber hinaus neue Module mit einer Szintillatorfläche von $30 \times 30\,\text{cm}^2$ in einem Proton-Teststrahl am COSY-Beschleuniger im Forschungszentrum Jülich ortsaufgelöst vermessen und wiesen hervorragende Eigenschaften auf.

Innerhalb der CMS-Gruppe des III. Physikalischen Institutes B wird der Bereich der Detektorentwicklung von Dr. Oliver Pooth geleitet. Ich möchte diese Gelegenheit nutzen, um mich bei ihm für viele Jahre seiner Unterstützung zu bedanken. Er hat mir stets Vertrauen in meine Fähigkeiten gegeben und mir neue Möglichkeiten eröffnet, so auch diese Publikation in der BestMasters Serie des Springer Verlages.

Aachen   Simon Weingarten

Inhaltsverzeichnis

Zusammenfassung

Zu den wichtigen Aufgaben am CMS-Experiment beim geplanten *High Luminosity Upgrade* des LHC-Beschleunigers (HL-LHC) mit einer angestrebten instantanen Luminosität von $\mathcal{L} = 10^{35}/(\text{cm}^2 \cdot \text{s})$ gehört die Anpassung des Myonsystems. Einerseits muss die Triggerrate der Myonen reduziert werden, da das derzeitige Level-1-Triggersystem die reservierte Bandbreite deutlich überschreiten würde, andererseits muss die steigende Anzahl von Doppeldeutigkeiten durch koinzidente Treffer in den Myonkammern, sogenannte *Ghost Hits*, aufgelöst werden. Mit dem *Muon Track fast Tag* (MTT), einer zweidimensionalen Detektorschicht im Barrel-Bereich, unmittelbar vor den ersten Myonkammern, liegt ein konkreter Vorschlag zur Lösung dieser Probleme vor. Das III. Physikalische Institut der RWTH Aachen arbeitet an einer Umsetzung des MTT-Systems auf Basis von schnellen Plastikszintillatoren ausgelesen durch Silizium-Photomultiplier (SiPMs).

Diese Arbeit stellt Untersuchungen eines Prototypdetektors mit einem Szintillator der Größe $100 \times 100 \times 5\,\text{mm}^3$ und dualer SiPM-Auslese vor. In Messreihen mit kosmischen Myonen wurden einzelne Modulparameter systematisch untersucht und optimiert. Dazu gehören zum Beispiel die optische Kopplung zwischen SiPM und Szintillator oder die Umwickelung des Szintillators mit reflektierendem Material. Der Prototypdetektor erreicht eine Detektionseffizienz von 99,5 % bei einer Signalreinheit von 99,9 %.

Abstract

Upgrading the muon system will be one of the major challenges for the CMS experiment at the projected *high luminosity LHC* (HL-LHC) with an expected instantaneous luminosity of $\mathcal{L} = 10^{35}/(\text{cm}^2 \cdot \text{s})$. Most importantly, the muon trigger rate has to be reduced in order to keep the level 1 trigger rate inside the reserved bandwidth. Another concern that has to be dealt with is the rising number of ambiguities in the muon chambers due to simultaneously traversing muons, so-called *ghost hits*. With the *Muon Track fast Tag* (MTT), a new detector subsystem between the CMS solenoid and the first muon station is proposed to solve these problems. An implementation of the MTT system based on fast plastic scintillators read out by silicon photomultipliers (SiPM) is under development at the Physics Institute III of RWTH Aachen University.

In this thesis, results of prototype detectors with $100 \times 100 \times 5\,\text{mm}^3$ scintillator-tiles and dual SiPM-readout are presented. All studies have been done with cosmic muons and focus on parameter optimization such as coupling the SiPM to the scintillator or wrapping the scintillator with reflective material. The prototype shows promising results regarding the light-yield and offers a detection efficiency of 99.5 % with a signal purity of 99.9 %.

Abbildungsverzeichnis

Tabellenverzeichnis

Abkürzungsverzeichnis

APD   Avalanche photo diode, Lawinenphotodiode
APDPI Avalanche photo diode power interface
CMS   Compact Muon Solenoid, Großexperiment am LHC-Beschleuniger
DTF   Diamond tool finish, Szintillatorpolierung der Firma *Saint-Gobain*
ECL   Emitter-coupled logic, Standard für negative Logikpegel
FADC Flash analog-to-digital converter, Flash-Analog-Digital-Wandler
HV   High voltage, Hochspannung
LHC   Large Hadron Collider, Beschleunigeranlage am CERN bei Genf
MIP   Minimum ionizing particle, minimal-ionisierendes Teilchen
MPV   Most probable value, wahrscheinlichster Wert, hier vor allem die
          Bezeichnung des Maximums einer Landauverteilung
MTT   Muon Track fast Tag, mögliches Upgradeprojekt des
          CMS-Experimentes
NIM   Nuclear Instrumentation Module, Standard für Modul- und
          Bussysteme sowie negative Logikpegel
PMT   Photomultiplier tube, Photodetektor bestehend aus Photokathode
          und Sekundärelektronenvervielfacher
PTFE Polytetrafluorethylen, Teflon®
p.e. photon equivalent, Photon-Äquivalent
QDC   Charge(Q)-to-digital converter, Ladungs-Digital-Wandler
SiPM Silicon photomultiplier, Silizium-Photomultiplier
VME   Versa Modul Eurocard, Standard für Modul- und Bussysteme

1 Motivation

Als Einleitung in das Themengebiet der vorliegenden Arbeit werden in den Unterkapiteln 1.1 und 1.2 zunächst der LHC-Beschleuniger und das CMS-Experiment vorgestellt. Abschnitt 1.3 beschreibt anschließend die Upgradepläne für den LHC-Beschleuniger sowie damit verbundene Herausforderungen an den Betrieb des CMS-Detektors. Als eine mögliche Erweiterung des CMS-Experimentes zur Bewältigung dieser Herausforderungen wird in Teil 1.4 das *Muon Track fast Tag*-Projekt vorgestellt.

1.1 Der Large Hadron Collider

Der *Large Hadron Collider* (LHC) befindet sich am CERN[1]-Forschungsgelände in der nähe von Genf und ist derzeit der leistungsstärkste und größte Teilchenbeschleuniger der Welt. Der ca. 27 km lange Beschleuniger liegt im Mittel 100 m tief unter der Erde und soll Protonen mit einer Schwerpunktenergie von 14 TeV und einer instantanen Luminosität von $\mathcal{L} = 10^{34}/(\text{cm}^2 \cdot \text{s})$ zur Kollision bringen. Zwei Protonstrahlen werden entlang des LHC-Rings in Ultrahochvakuum-Röhren gegenläufig beschleunigt und dabei von 1200 supraleitenden Dipolmagneten auf ihrer Bahn gehalten. Die 15 m langen Magnete werden mit flüssigem Helium auf 1,9 K gekühlt und erreichen Feldstärken von bis zu 8,3 T. Sie stellen jedoch nur einen Teil der ungefähr 9600 Elektromagnete des LHC-Beschleunigers dar und sind nur einer der vielen Belege für die technische Leistung der Kollaboration. Die Protonpakete werden an vier Wechselwirkungspunkten zur Kollision gebracht, an denen die vier Großexperimente *ATLAS* [43], *CMS* [46], *ALICE* [42] und *LHCb* [47] die entstehenden Sekundärteilchen vermessen.

---

[1]Europäische Organisation für Teilchenphysik

Seit dem Jahr 2010 läuft die Datennahme von Kollisionen mit einer Schwerpunktenergie von 7 TeV, seit 2012 mit 8 TeV und kann nach der aktuellen Umbaupause wahrscheinlich im Jahr 2014 mit der Design-Schwerpunktenergie von 14 TeV fortgesetzt werden. Eine Übersicht über den LHC-Beschleuniger befindet sich in [27] und [16], detaillierte technische Informationen können dem Design Report [4] entnommen werden.

1.2 Der Compact Muon Solenoid

Der *Compact Muon Solenoid*, abgekürzt CMS-Detektor oder CMS-Experiment, ist ein sogenannter *multi* oder *general purpose* Detektor und stellt eins der vier Großexperimente am LHC-Beschleuniger dar. Das Ziel dieser Detektorklasse liegt in der vollständigen kinematischen Rekonstruktion der Sekundärteilchen, die entstehen, wenn die hochenergetischen Protonen des LHC-Beschleunigers im Zentrum des Detektors kollidieren. Abbildung 1.1 stellt den Aufbau des CMS-Detektors schematisch dar.

Der zylinderförmige Aufbau mit einer Schalenstruktur der verschiedenen Subsysteme und entsprechenden Endkappen ist ein typisches Merkmal von *gernal purpose* Detektoren. Die folgende Auflistung stellt die Subsysteme von innen nach außen vor:

- Im *Tracker* vermessen Siliziummodule mit Pixel- und Streifenstruktur die Flugbahnen geladener Teilchen.
- Im *elektromagnetischen Kalorimeter* werden Elektronen, Positronen und Photonen durch Schauerbildung absorbiert und ihre Energie bestimmt.
- Im *hadronischen Kalorimeter* werden Hadronen absorbiert und ihre Energie bestimmt.
- Der *supraleitende Solenoid* wird bei einer Temperatur von ca. 5 K betrieben und erzeugt im Detektor ein Magnetfeld von bis zu 3,8 T.
- Das massive *Eisenjoch* formt das Magnetfeld und dient als Trägerstruktur des Detektors.
- Zwischen mehreren Schichten des Eisenjochs befinden sich die *Myonkammern* und vermessen als äußerstes Detektorelement die Flugbahn von Myonen.

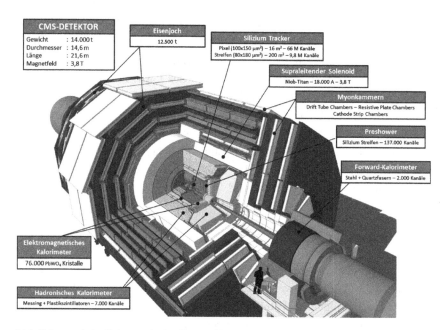

Abbildung 1.1: Schematische Darstellung des CMS-Detektors, abgewandelt aus [44]

Bei einem Durchmesser von 14,6 m und einer Länge von 21,6 m wiegt der CMS-Detektor insgesamt ca. 14 000 t und gehört mit rund 100 Millionen Auslesekanälen zu den komplexesten und präzisesten Messinstrumenten der Welt. Technische Details über den CMS-Detektor können [45] entnommen werden, allgemeine Informationen über das Experiment und die wissenschaftlichen Ergebnisse der Kollaboration finden sich unter [44].

1.3 LHC-Upgrade zum HL-LHC

Während des geplanten *Long Shutdown 3* im Jahr 2022 wird der LHC-Beschleuniger zum *High Luminosity LHC* (HL-LHC) erweitert. Dabei soll die instantane Luminosität gegenüber dem jetzigen Designwert um einen Faktor zehn auf $\mathcal{L} = 10^{35}/(\text{cm}^2 \cdot \text{s})$ erhöht werden. Ansätze zur Realisierung dieses Ziels sind z. B. durch die Erhöhung der Kollisionsrate der Protonpa-

kete oder die Erhöhung der gleichzeitig stattfindenden Teilchenkollisionen
gegeben. Diese Umstände steigern die Anforderungen an die Datennahme
in den Großexperimenten wie CMS. Da die Bandbreite der Detektorauslese
beschränkt ist, soll die Level-1-Triggerrate des CMS-Detektors beim Upgrade zum HL-LHC konstant gehalten werden. Um dies zu erreichen, sind
Erweiterungen des Triggersystems zwingend notwendig. Das Myonsystem
ist ein wichtiger Bestandteil des Level-1-Triggers im CMS-Experiment und
stellt folglich einen guten Ansatzpunkt für mögliche Erweiterungen dar. Ein
Beispiel dieser Erweiterungen ist das *Muon Track fast Tag*-Projekt [28], das
im folgenden Kapitel vorgestellt wird.

1.4 Muon Track fast Tag

Ein intuitiver Ansatz zur Reduktion der Triggerrate ist die Erhöhung der
Myon-p_T-Schwelle. Die erwarteten Raten des jetzigen Triggersystems unter
HL-LHC-Bedingungen in Abbildung 1.2 (a) zeigen jedoch, dass die Level-1-
Triggerrate (L1) bereits ab einem p_T-Schwellenwert von ca. 30 GeV in ein
Plateau läuft. Dieser Sättigungseffekt kann durch Fehlmessungen erklärt
werden, bei denen niederenergetischen Myonen aufgrund der nicht-optimalen
Impulsauflösung des Myonsystems hohe p_T-Werte zugeordnet werden. Ohne
Verbesserung der Impulsmessung ist eine Anpassung der p_T-Schwelle folglich
nicht sinnvoll, um die Level-1-Triggerrate unter Kontrolle zu halten, da
genügend große Schwellenwerte bereits physikalisch interessante Ereignisse
aussortieren würden.

Das Konzept des *Muon Track fast Tag* wurde 2007 von Montanari *et
al.* vorgestellt und zielt darauf ab, zur Verbesserung der Impulsauslösung
Trackerinformationen in den Level-1-Trigger einzubeziehen [28]. Zur Integration der Trackerdaten in den Level-1-Trigger schlagen Montanari *et al.* eine
schnelle Markierung (fast Tag) der Myon-Spur (Muon Track) vor, die eine
sogenannte *region of interest* im Tracker definiert. Die Markierung erfolgt dabei, wie in Abbildung 1.2 (b) schematisch dargestellt, durch eine zusätzliche,
zweidimensionale Detektorschicht außerhalb des Solenoiden, unmittelbar
vor der ersten Myonkammer. Schnelle Trackerlagen innerhalb der *region
of interest* sollen selektiv ausgelesen und ihre Daten zur Rekonstruktion

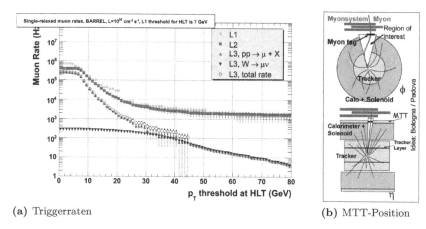

(a) Triggerraten   (b) MTT-Position

Abbildung 1.2: (a): Triggerraten bei HL-LHC Luminosität in Abhängigkeit
der Myon-p_T-Schwelle [28]. (b): Darstellung der vorgeschla-
genen MTT-Position im CMS-Detektor (stark vereinfacht)
[34]

der Myonspur mit denen des Myonsystems kombiniert werden, bevor eine
Triggerentscheidung fällt. Die Triggerraten mit kombinierter Trackerinformation, dargestellt durch die Level-3-Raten (L3) in Abbildung 1.2 (a), zeigen
die erwartete p_T-Abhängigkeit. Mit der verbesserten Impulsauflösung ist es
möglich, die Triggerrate bei qualitativ hochwertiger Ereignisselektion innerhalb der reservierten Bandbreite zu halten. Neue Triggerkonzepte ziehen
sogar die Auslese und Integration der gesamten Trackerinformation in den
Level-1-Trigger in Erwägung. Inwiefern das MTT-System dabei integriert
werden und hilfreich sein kann, muss für den jeweils konkreten Vorschlag
untersucht werden.

Eine wichtige zusätzliche Funktion des MTT-Systems liegt in der Auflösung
von Ambiguitäten, auch *Ghosts* oder *Ghost Hits* genannt, die bei großer Teil-
chendichte in den Myonkammern auftreten können. Der Durchgangspunkt
der Myonen wird in den Myonkammern des Barrel-Bereichs hauptsäch-
lich durch mehrere, um 90° zueinander gedrehte Lagen von Driftröhren in
Streifenstruktur bestimmt, wobei jede Lage nur eine eindimensionale Orts-
information liefern kann. Bei mehreren gleichzeitigen Teilchendurchgängen

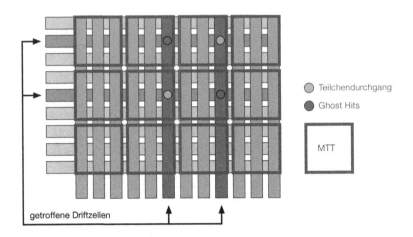

Abbildung 1.3: Schematische Darstellung zur Entstehung von *Ghost Hits* in den Myonkammern und deren Auflösung durch MTT

innerhalb der selben Kammer ist daher keine eindeutige Bestimmung der Durchgangspunkte möglich, wie Abbildung 1.3 verdeutlicht: Treffen zwei Myonen an den grün markierten Stellen dieselbe Driftröhren-Kammer, ergeben sich aufgrund der unabhängigen Bestimmung der x- und y-Koordinate vier mögliche Durchgangspunkte der Myonen. Die falschen Zuordnungen (rote Punkte) entsprechen den erwähnten *Ghost Hits*. Da MTT als zweidimensionale Detektorstruktur mit höherer Granularität als die Myonkammern konzipiert ist, könnte es diese Doppeldeutigkeiten auflösen.

Das MTT-System muss aufgrund der angestrebten Position im CMS-Experiment ein äußerst kompaktes Detektordesign aufweisen und ungestört vom starken Magnetfeld des CMS-Solenoiden operieren. Der Vorschlag des III. Physikalischen Institutes der RWTH-Aachen basiert auf schnellen Plastikszintillatoren, ausgelesen mit Silizium-Photomultipliern und kann die genannten Anforderungen erfüllen.

2 Theoretische Grundlagen

Das folgende Kapitel gibt eine kurze Einführung in die theoretischen Grundlagen einiger physikalischer Phänomene, die dem besseren Verständnis der Funktionsweise des Prototypmoduls und der vorgestellten Messungen dienen. Da alle Messungen im Hauptteil der Arbeit mit kosmischen Myonen durchgeführt wurden, beschreibt Unterkapitel 2.1 zunächst deren Entstehung und führt ihre wichtigsten Eigenschaften auf. Kapitel 2.2 erklärt, wie diese Myonen und andere schwere geladene Teilchen mit Materie wechselwirken und Abschnitt 2.3 beschreibt Szintillatoren, d. h. Materialien, welche die deponierte Energie dieser Wechselwirkungen in Licht umwandeln. Abschließend stellt Kapitel 2.4 Silizium-Photomultiplier als Instrumente vor, die Lichtpulse in elektrische Signale umwandeln können.

2.1 Entstehung kosmischer Myonen

Kosmische Myonen stellen ein beliebtes Hilfsmittel zur Untersuchung und Entwicklung von Teilchendetektoren dar. Sie sind überall verfügbar und bieten neben teuren und aufwändigen Teststrahl-Untersuchungen an Beschleunigeranlagen die beste Möglichkeit, Signale unter Experimentbedingungen zu simulieren.

Abbildung 2.1 zeigt schematisch die Entwicklung eines Luftschauers, in dem kosmische Myonen entstehen. Kosmische Schauer bilden sich, wenn hochenergetische primäre Teilchen aus dem Weltraum (meist Protonen oder Heliumkerne) auf die Erdatmosphäre treffen und mit Molekülen der Luft zusammenstoßen. Das Primärteilchen kann auf dem Weg zur Erde mehrere Kollisionen durchlaufen, und so große Kaskaden an Sekundärteilchen erzeugen, die ihrerseits wieder mit Molekülen der Luft kollidieren oder zerfallen können. Die Myonen entstehen dabei größtenteils aus dem schwachen Zerfall

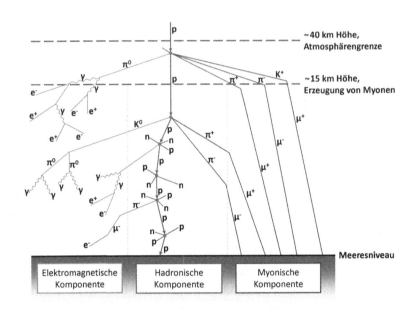

Abbildung 2.1: Schematische Darstellung der Entwicklung eines kosmischen Schauers

geladener Pionen ab einer Höhe von ca. 15 km. Die auf der Erdoberfläche auftreffenden Teilchen können in drei Kategorien unterteilt werden: Elektronen, Positronen und Photonen bilden die elektromagnetische Komponente, zu der hadronischen Komponente zählen zum Beispiel Protonen, Neutronen und Pionen. Myonen werden wegen ihrer großen Bedeutung gesondert betrachtet und als myonische Komponente bezeichnet.

Die Eigenschaften der kosmischen Myonen sind in [3] detailliert beschrieben: Der Mittelwert der Myonenergie liegt bei $E_\mu \approx 4\,\text{GeV}$. Der Fluss vertikaler Myonen, die in den meisten Experimenten von Interesse sind, beträgt ca. $70/(\text{m}^2 \cdot \text{s} \cdot \text{sr})$, wodurch sich für horizontale Detektoren die Faustformel $I \approx 1/(\text{cm}^2 \cdot \text{min})$ ergibt. Die Winkelverteilung der Myonen ist abhängig von ihrer Energie und ist für Myonen mit $E_\mu \approx 3\,\text{GeV}$ proportional zu $\cos^2(\theta)$, mit dem Polarwinkel θ.

2.2 Energieverlust geladener Teilchen in Materie

Beim Durchqueren von Materie wechselwirken schwere $(m \gg m_e)$ geladene Teilchen mit den Hüllenelektronen des Materials in Form von Anregungs- und Ionisationsprozessen. Der resultierende Energieverlust dE entlang der Teilchenbahn ds wird über viele Größenordnungen der Teilchenenergie durch die Bethe-Bloch-Formel beschrieben [33]:

$$-\frac{dE}{ds} = 2\pi N_A r_e^2 m_e c^2 \rho \frac{Z}{A} \frac{z^2}{\beta^2} \left[\ln \left(\frac{2 m_e \gamma^2 \nu^2 W_{max}}{I^2} \right) - 2\beta^2 - \delta - 2\frac{C}{Z} \right]$$

$$(2.1)$$

mit den Naturkonstanten:

$N_A = 6{,}022 \cdot 10^{23}/\text{mol}$, Avogadro-Konstante

$r_e = 2{,}817 \cdot 10^{-13}\,\text{m}$, klassischer Elektronradius

$m_e = 510{,}9989\,\text{keV}/c^2$, Elektronenmasse

$c = 2{,}998 \cdot 10^8\,\text{m/s}$, Lichtgeschwindigkeit

Eigenschaften des geladenen Teilchens:

z : Elektrische Ladung in Einheiten der Elementarladung e

$\beta = \frac{v}{c}$, Geschwindigkeit in Einheiten der Lichtgeschwindigkeit c

$\gamma = \frac{1}{\sqrt{1-\beta^2}}$, relativistischer Gammafaktor

Und den Materialeigenschaften:

ρ : Dichte des Materials

Z : Ordnungszahl

A : Atomare Masse

W_{max} : Maximaler Energieübertrag pro Interaktion

I : Mittleres Anregungspotential

δ : Dichtekorrektur

C : Schalenkorrektur

Abbildung 2.2 zeigt den Energieverlust von Myonen in Kupfer in Abhängigkeit der Teilchenenergie. Der mittlere Bereich, in dem der Energieverlust bei einer Myonenergie von einigen GeV ein Minimum annimmt, wird durch die Bethe-Bloch-Formel beschrieben. Teilchen dieser Energie werden als *minimal-ionisierende Teilchen*, abgekürzt durch *MIP* vom englischen *minimum ionizing particle*, bezeichnet. Das Minimum erstreckt sich über

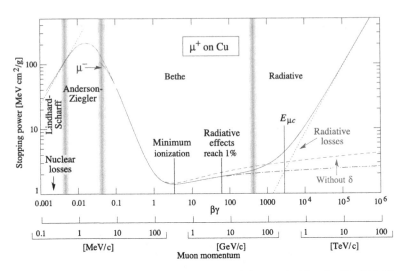

Abbildung 2.2: Mittlerer Energieverlust von Myonen in Kupfer [3, Abbildung 30.1]

einen weiten Energiebereich (es handelt sich um eine doppelt-logarithmische Auftragung) und in der Praxis werden Myonen über einen großen Energiebereich als MIPs angesehen.

Die Bethe-Bloch-Formel beschreibt jedoch nur den mittleren Energieverlust geladener Teilchen in Materie. Für dünne Materialschichten ist die Wahrscheinlichkeitsdichte des tatsächlichen Energieverlustes durch die asymmetrische Landauverteilung gegeben, welche zur Beschreibung einzelner Teilchendurchgänge verwendet werden sollte, wie auch von der *Particle Data Group* empfohlen (Kapitel 30.2.7. in [3]):

> *For detectors of moderate thickness x (e.g. scintillators or LAr cells), the energy loss probability distribution is adequately described by the highly-skewed Landau (or Landau-Vavilov) distribution. [...]*
>
> *The mean of the energy loss given by the Bethe equation, [...] is thus ill-defined experimentally and is not useful for describing energy loss by single particles. The most probable energy loss should be used.*

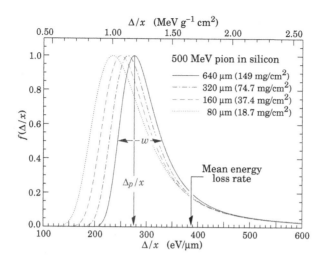

Abbildung 2.3: Darstellung der Landauverteilung anhand des Energieverlustes von Pionen in Silizium [3, Abbildung 30.8]. Der linke
Pfeil markiert den maximalen Energieverlust, der recht Pfeil
markiert den mittleren Energieverlust (Bethe-Bloch)

Aufgrund der asymmetrischen Form und der langen Ausläufer zu großen
Werten liegt die mittlere Energiedeposition weit über dem wahrscheinlichsten
Energieverlust E^{mp}. Der Mittelwert liegt daher auch deutlich höher als die
Energiedeposition der meisten Ereignisse und ist folglich irreführend bei der
Beschreibung von Daten einzelner Teilchendurchgänge. Abbildung 2.3 zeigt
den Energieverlust von Pionen in Silizium als Beispiel der Landauverteilung.
Die Landauverteilung kann folgendermaßen parametrisiert werden [33]:

$$f(\Delta E, x) = \frac{1}{\sqrt{2\pi}} \cdot \exp\left(-\frac{1}{2}\left(\frac{\Delta E - \Delta E^{mp}}{\kappa \rho x} + \exp\left(-\frac{\Delta E - \Delta E^{mp}}{\kappa \rho x}\right)\right)\right)$$
(2.2)

mit:

ΔE : Energieverlust

ΔE^{mp} : Wahrscheinlichster Energieverlust

x : Dicke des Absorbers

$\kappa = 2\pi N_A r_e^2 m_e c^2 z^2 \cdot Z/A \cdot 1/\beta^2$

2.3 Szintillation

Szintillation ist ein Spezialfall der Lumineszenz und beschreibt die Eigenschaft von Materialien, nach Anregung durch ionisierende Strahlung einen Teil der absorbierten Energie über Photonen wieder abzugeben. Szintillationsfähige Materialien werden Szintillatoren genannt und man unterscheidet zwischen anorganischen und organischen Szintillatoren, wobei für diese Arbeit nur organische Plastikszintillatoren von Bedeutung sind. Sie zeichnen sich durch extrem schnelle Lichtsignale in der Größenordnung weniger Nanosekunden aus, sind preiswert und beliebig formbar. Der Nachteil gegenüber anorganischen Szintillatoren liegt in der schlechteren Energieauflösung, welche für den Betrieb eines Triggerdetektors jedoch nicht von Bedeutung ist. Bei der Anregung durch ionisierende Strahlung (d. h. zum Beispiel auch durch Myonen, siehe Kapitel 2.2) werden die Valenzelektronen des organischen Szintillators in höhere Molekülorbitale angehoben. Die Relaxation findet über mehrere Energieniveaus statt, wobei einige Übergänge strahlungsfrei ablaufen. Die Energie wird dabei durch Anregung von Rotations- oder Vibrationsfreiheitsgraden des Moleküls abgegeben. Die strahlenden Übergänge emittieren das gewünschte Szintillationslicht. Die Wellenlänge der ausgesendeten Photonen liegt in der Regel im UV-Bereich, kann jedoch durch Beimischung bestimmter Materialien in den sichtbaren Bereich verschoben werden. Der Szintillator ist für das Szintillationslicht transparent, da die Photonen nicht genügend Energie für weitere Anregungen besitzen.

Wellenlängenschiebende Fasern

In einigen Prototypen des MTT-Projektes werden wellenlängenschiebende Fasern zum Einsammeln der Photonen in Szintillatoren verwendet. Wie der Name bereits suggeriert, absorbieren wellenlängenschiebende Fasern Licht eines bestimmten Spektralbereichs und emittieren es in einem anderen (Fluoreszenz). Die Relaxationszeit liegt ähnlich wie bei Szintillatoren im Nanosekundenbereich. Ein Großteil des emittierten Lichtes bleibt aufgrund von Totalreflexion in der Faser gefangen und wird zu deren Enden geführt, wo es detektiert werden kann.

2.4 Silizium-Photomultiplier

Der folgende Abschnitt gibt eine Einführung in die Funktionsweise und Eigenschaften von Silizium-Photomultipliern (SiPM), die das elektronische Herzstück des MTT-Prototypdetektors darstellen. SiPMs sind Halbleiterbauelemente, die zur Detektion von Photonen eingesetzt werden und sensitiv auf einzelne Photonen sind. Neben der Bezeichnung SiPM ist die Abkürzung MPPC für **M**ulti **P**ixel **P**hoton **C**ounter (vor allem beim Hersteller *Hamamatsu*) gebräuchlich. Da ein SiPM im Wesentlichen aus einem Array von Avalanche-Photodioden besteht, wird in Kapitel 2.4.1 zunächst deren Aufbau und Funktionsweise erklärt. Abschnitt 2.4.2 befasst sich anschließend mit dem Aufbau und den Betriebseigenschaften von SiPMs.

2.4.1 Funktionsweise von Avalanche-Photodioden

Avalanche-Photodioden (APD), bzw. Lawinenphotodioden, sind photosensitive Halbleiterdioden, die aufgrund von Lawinenbildung Signale mit großer Verstärkung liefern. Die Funktionsweise der Diode wird im Folgenden anhand eines einfachen p-n-Übergangs erklärt.

Der p-n-Übergang

Als p-n-Übergang bezeichnet man den mechanischen Kontakt zwischen einem p- und einem n-dotierten Halbleiter. Bei der Dotierung eines Halbleiters wird die Kristallstruktur mit Fremdatomen verunreinigt, welche sich in der Anzahl der Valenzelektronen vom Trägermaterial unterscheiden. Besitzen die Fremdatome mehr Valenzelektronen als der Halbleiter, stehen die überschüssigen Elektronen zum Stromfluss zur Verfügung und man spricht von einer n-Dotierung. Haben die Fremdatome weniger Valenzelektronen als der Halbleiter, entstehen sogenannte positive Löcher, die den Ladungstransport ermöglichen und man spricht von einer p-Dotierung. Abbildung 2.4 zeigt schematisch die Bindungen im Kristallgitter von dotiertem Silizium.

Silizium besitzt vier Valenzelektronen und kann zum Beispiel mit Phosphor oder Arsen n-dotiert, und mit Aluminium oder Bor p-dotiert werden. Der Anteil von Fremdatomen liegt gewöhnlich in der Größenordnung von $1 : 10^6$. Bringt man einen p-dotierten und einen n-dotierten Halbleiter in

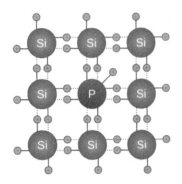 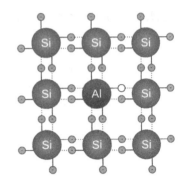

(a) n-Dotierung mit Phosphor, Elektronen tragen zum Ladungstransport bei

(b) p-Dotierung mit Aluminium, positive Löcher tragen zum Ladungstransport bei

Abbildung 2.4: Die schematische Darstellung der n- und p-Dotierung von Silizium zeigt, wie bewegliche Ladungsträger, die den Stromfluss ermöglichen, im Kristallgitter erzeugt werden

mechanischen Kontakt, diffundieren freie Ladungsträger am Grenzbereich in das jeweils andere Gebiet und rekombinieren. Die freien Elektronen und Löcher können sich jedoch nicht vollständig ausgleichen, da das Kristallgitter aufgrund der Kernladung der Fremdatome ebenfalls geladen ist. Nachdem sich einige Ladungsträger neutralisiert haben, stellt sich ein Kräftegleichgewicht ein: Die freien Elektronen des n-dotierten Materials stoßen sich gegenseitig ab, können jedoch nicht weiter in die p-Schicht diffundieren, da sie vom negativ geladenen Kristallgitter des p-dotierten Bereichs abgestoßen werden. Eine analoge Situation ergibt sich für die Löcher der p-dotierten Schicht. Aufgrund dieses Gleichgewichts bildet sich in der Mitte des p-n-Übergangs eine sogenannte Verarmungszone aus. Der beschriebene Vorgang ist in Abbildung 2.5 schematisch dargestellt, wobei die farbigen Bereiche die beweglichen Ladungsträger kennzeichnen.

Mithilfe einer angelegten Spannung an dem p-n-Übergang vergrößert sich bei entsprechender Polung die Verarmungszone, wie in Abbildung 2.6 links dargestellt. Durchquert ein geladenes Teilchen die Verarmungszone, erzeugt es durch Stoßionisation Elektron-Loch-Paare entlang seiner Spur

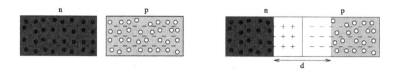

Abbildung 2.5: Beim Zusammenführen einer n- und einer p-dotierten Schicht zu einem sogenannten p-n-Übergang entsteht eine Verarmungszone in der Mitte [32]

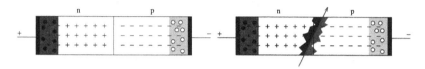

Abbildung 2.6: Links: Bei angelegter Spannung in Sperrrichtung vergrößert sich die Verarmungszone. Rechts: Entlang der Flugbahn eines geladenen Teilchens entstehen Elektron-Loch-Paare [32]

(Abbildung 2.6, rechts). Die Elektronen und Löcher werden aufgrund der angelegten Spannung zu den Seiten beschleunigt und erzeugen so den Signalpuls. Trifft anstelle des geladenen Teilchens ein Photon auf die sensitive Fläche, d. h. die Verarmungszone des Übergangs, erzeugt es durch den inneren Photoeffekt ein Elektron-Loch-Paar, das zur Signalerzeugung dient.

Betriebsmodus

Die Betriebsspannung U_{Bias} einer APD wird gemäß des resultierenden Verstärkungsfaktors in drei Bereiche unterteilt.

$0 < U_{Bias} < U_{APD}$: In diesem Bereich werden die erzeugten Ladungsträger ohne Sekundärionisation aus dem sensitiven Bereich abgesaugt. Der Verstärkungsfaktor der Diode beträgt eins.

$U_{APD} < U_{Bias} < U_{BD}$: Oberhalb einer Grenzspannung U_{APD} setzt der namensgebende Lawineneffekt ein: Infolge der hohen Feldstärke in der Diode werden die erzeugten Elektronen stark genug beschleunigt, um selbst neue Elektron-Loch-Paare zu erzeugen. Es entsteht eine Lawine von Ladungsträgern in der Diode, die ein verstärktes Signal hervorrufen. Unterhalb der sogenannten Durchbruchspannung U_{BD} (engl. Breakdown) werden die Löcher nicht stark genug beschleunigt, um ebenfalls neue Ladungsträger freizusetzen, daher stoppt der Lawineneffekt sobald alle Elektronen die Diode verlassen haben. Dieser Betriebsmodus wird Proportionalmodus genannt, da das erzeugte Signal proportional zu der Anzahl erzeugter Elektron-Loch-Paare und daher proportional zur deponierten Energie des gemessenen Teilchens ist. Der Verstärkungsfaktor nimmt einen endlichen Wert größer als eins an.

$U_{BD} < U_{Bias}$: Bei großen Feldstärken oberhalb der Durchbruchspannung werden sowohl Elektronen als auch Löcher stark genug beschleunigt, um durch Sekundärionisation neue Elektron-Loch-Paare zu erzeugen. Da alle Ladungsträger eine neue Lawine auslösen, setzt ein kontinuierlicher Lawineneffekt und Stromfluss in der Diode ein. Der Verstärkungsfaktor wird unendlich groß. Um diesen Effekt praktisch nutzen zu können und die Diode vor thermischer Zerstörung zu schützen, wird ein sogenannter Löschwiderstand mit der Diode in Reihe geschaltet. Sobald die Entladung in der Diode einsetzt, steigt aufgrund des fließenden Stroms die Spannung über dem Widerstand. Infolge dessen fällt die Spannung an der Diode, die Feldstärke in der Verarmungszone reduziert sich und die Lawinenbildung kommt zum Erliegen. Sobald kein Strom mehr fließt, steigt die Spannung über der Diode und die Feldstärke wieder an und die APD ist bereit für den nächsten Teilchendurchgang. Dieser Betriebsmodus wird in Anlehnung an das Geiger-Müller-Zählrohr Geiger-Modus genannt und erreicht Verstärkungsfaktoren der Größenordnung 10^6.

Der hier beschriebene Aufbau eines einfachen p-n-Übergangs mit angelegter Spannung zur Vergrößerung der Verarmungszone als sensitives Detektorvolumen ist ein anschauliches Ersatzbild einer APD, die in Wirklichkeit aus komplizierteren und mehrstufigen Übergängen verschiedener Dotierungsdichten bei bestimmter geometrischer Anordnung besteht. Die grundlegenden physikalischen Effekte zur Signalerzeugung sind jedoch identisch.

2.4.2 Aufbau und Eigenschaften von Silizium-Photomultipliern

Wie oben bereits erwähnt, ist ein SiPM im Wesentlichen ein Array aus parallel geschalteten Avalanche-Photodioden im Geiger-Modus. Jede APD ist mit einem Löschwiderstand in Serie geschaltet und stellt einen *Pixel* des SiPMs dar. Abbildung 2.7 (a) zeigt ein Foto von einem SiPM und in Abbildung 2.7 (b)

 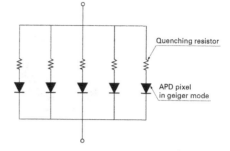

(a) SiPM der Serie S10362-33   (b) Ersatzschaltbild eines SiPMs [18]
von *Hamamatsu* [19]

Abbildung 2.7: Ein SiPM besteht aus einer Parallelschaltung von vielen Avalanche Photo Dioden mit jeweils einem Löschwiderstand (engl. *quenching resistor*)

ist ein einfaches elektronisches Ersatzschaltbild dargestellt. SiPMs zeichnen sich vor allem durch ihre extrem hohe Pixeldichte auf einer kleinen Fläche aus. Gängige Maße der sensitiven Fläche sind $1 \times 1\,\text{mm}^2$ oder $3 \times 3\,\text{mm}^2$ bei Pixelgrößen von 25, 50 oder 100 µm. Da die APDs im Geiger-Modus betrieben werden, liefern alle Pixel abgesehen von statistischen Schwankungen gleich hohe Signale. Das Ausgangssignal des SiPMs entspricht der analogen Summe aller Pixelsignale, die Höhe des Ausgangspulses spiegelt folglich die Anzahl getroffener Pixel wieder und ist somit ein Maß für die Menge aufgetroffener Photonen. In Abbildung 2.8 ist eine Oszilloskopaufnahme der Rauschpulse eines SiPMs (mit Verstärkerelektronik) dargestellt. Es sind bis zu fünf Abstufungen erkennbar, die den Signalen von jeweils einem, zwei, drei, vier oder fünf durchbrechenden Pixeln entsprechen. Die Signalhöhe von SiPMs wird häufig in Photon-Äquivalenten, abgekürzt *p.e.* vom englischen *photon equivalent*, angegeben: ein Puls der Höhe 4 p.e. entspricht dem Signal von vier detektierten Photonen. Die Länge der Pulse liegt in der Größenordnung von 100 ns mit schnellen Anstiegsflanke von weniger als 10 ns.

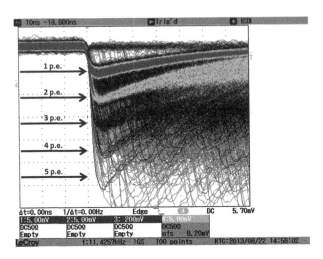

Abbildung 2.8: Oszilloskopaufnahme eines verstärkten SiPM-
Rauschspektrums. Über der Baseline sind Signale bis zu 5 p.e.
erkennbar

Wichtige Eigenschaften von SiPMs

Silizium-Photomultiplier besitzen eine Vielzahl positiver Betriebseigenschaften, die sie für den Einsatz in Großexperimenten wie dem CMS-Detektor
prädestinieren. Vor allem die Unempfindlichkeit gegenüber Magnetfeldern
und die niedrige Versorgungsspannung von unter 100 V sind ein großer Vorteil
gegenüber klassischen Detektoren wie z. B. Photomultiplier-Tubes. SiPMs
liefern schnelle Signale und weisen kleine intrinsische Totzeiten auf. Die
Photon-Detektionseffizienz von SiPMs setzt sich aus mehreren Faktoren wie
der Quanteneffizienz der einzelnen Pixel und dem Füllfaktor der Pixel bezüglich der Gesamtfläche zusammen und kann je nach Modell und Wellenlänge
des einfallenden Photons über 70 % erreichen.[2] In der Nähe der empfohlenen
Betriebsspannung variiert der Verstärkungsfaktor der SiPMs linear mit der
angelegten Spannung und der Betriebstemperatur. Durch Nachregelung der
Versorgungsspannung mit einem linearen Temperaturkoeffizienten kann daher eine konstante Verstärkung bei verschiedenen Temperaturen erreicht

---

[2]Genauere Daten zur Photon-Detektionseffizienz folgen bei der Beschreibung der verwendeten Komponenten in Kapitel 3

werden [18]. Abgesehen von den elektrischen Eigenschaften kann auch die mechanische Ausdehnung von wenigen Millimetern je nach Anwendungsgebiet von Vorteil sein.

Rauschverhalten

Ein großer Nachteil von SiPMs liegt in der extrem großen Rauschrate, die für 1-p.e.-Signale einige Megahertz erreichen kann. Dabei gibt es neben dem thermischen Rauschen in SiPMs noch zwei korrelierte Rauscheffekte.

Thermisches Rauschen: Durch thermische Anregungen können auch ohne das Auftreffen eines Photons Elektron-Loch-Paare im sensitiven Volumen der Pixel entstehen und ein Signal auslösen. Das thermische Rauschen ist für alle Pixel unabhängig voneinander und führt daher in der Regel zu 1-p.e.-Pulsen. Die Rate des thermischen Rauschens ist in erster Näherung exponentiell abhängig von der Temperatur.

Crosstalk: Wenn ein Pixel des SiPMs durchbricht, können bei der Lawinenbildung innerhalb dieses Pixels ebenfalls Photonen entstehen, die gelegentlich den Pixel verlassen, in einem benachbarten Pixel detektiert werden und das Signal erhöhen. Reine Rauschpulse, d. h. Signale ohne Lichteinfall auf den SiPM, mit einer Höhe größer als 1 p.e. sind in der Regel auf Crosstalk zurück zu führen.

Afterpulsing: Aufgrund von Verunreinigungen oder Defekten der Kristallstruktur können bewegliche Ladungsträger in metastabilen Zuständen gefangen und nach einer gewissen Zeit wieder freigelassen werden. Ausgelöst durch Signal- oder Rauschpulse können so mit etwas Zeitverzögerung korrelierte Rauschpulse, sogenannte Afterpulse, entstehen. Die Wahrscheinlichkeit für Afterpulse nimmt mit fallender Temperatur zu [18].

3 Das Prototypmodul

Das folgende Kapitel stellt den MTT-Prototypen vor, der auf einem schnellen Plastikszintillator basiert, der von zwei SiPMs ausgelesen wird. Zunächst werden in Unterkapitel 3.1 der Modulaufbau und die verwendeten Komponenten dargestellt. Unterkapitel 3.2 gibt eine genauere Beschreibung der Frontend-Elektronik und Abschnitt 3.3 stellt den vorherigen MTT-Prototypen und Ergebnisse vorangegangener Arbeiten vor.

3.1 Aufbau des Moduls

Der folgende Abschnitt skizziert den Aufbau des aktuellen MTT-Prototypen *Modul 7* und stellt die verwendeten Komponenten vor. Abbildung 3.1 zeigt ein Foto des Moduls ohne Gehäusedeckel. Auf der linken Seite liegt ein in reflektierendes Material eingewickelter, $10 \times 10 \, \text{cm}^2$ großer Szintillator. Am

Abbildung 3.1: Foto des aktuellen MTT-Prototypen *Modul 7*

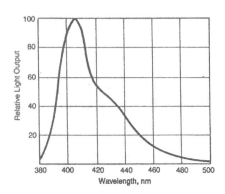

Abbildung 3.2: Emissionsspektrum des *BC-404* Szintillators [37]

Übergang zur Frontend-Elektronik auf der rechten Seite sind die zwei SiPMs erkennbar, welche direkt auf die Kantenfläche des Szintillators gedrückt werden. Das Auslesekonzept mit zwei SiPMs wurde aufgrund der hohen Rauschrate der SiPMs gewählt (siehe Kapitel 2.4.2). Betrachtet man die analoge Summe von zwei SiPM-Signalen, ist ein deutlich besseres Signal-Rausch-Verhältnis zu erwarten, da die Rauschpulse der beiden SiPMs unabhängig voneinander auftreten und die Signalpulse vollständig korreliert sind.

Bei dem verwendeten Szintillator handelt es sich um einen organischen Szintillator der Serie *BC-404* der Firma *Saint-Gobain* [37]. Der Szintillator zeichnet sich gegenüber anderen Modellen durch sehr schnelle Signale (Zerfallszeit: 1,8 ns) und große Lichtausbeute aus, hat allerdings den Nachteil einer kleinen Absorptionslänge. Das Emissionsspektrum des *BC-404* ist in Abbildung 3.2 dargestellt, das Emissionsmaximum liegt bei einer Wellenlänge von $\lambda_{max} = 408$ nm. Das gesamte Spektrum erstreckt sich über den Bereich von ca. 380 nm bis 500 nm, was ungefähr violettem bis blau-grünen Licht entspricht. Der Szintillator ist mit *BC-642 PTFE Reflector Tape* umwickelt und mithilfe von *BC-630 Silicone Optical Grease* an den Szintillator gekoppelt [39]. Sowohl die Ankopplung als auch die Umwickelung werden in Kapitel 5 genauer untersucht.

Bei den verbauten SiPMs handelt es sich um zwei Modelle vom Typ *S10362-33-100C* der Firma *Hamamatsu* mit jeweils 900 Pixeln. *S10362* ist

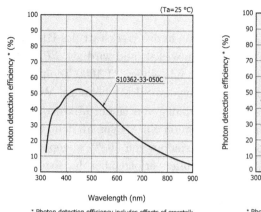 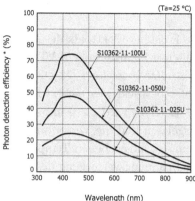

(a) $3 \times 3\,\mathrm{mm}^2$-SiPMs mit Keramikgehäuse und 50 µm Pixelgröße (b) $1 \times 1\,\mathrm{mm}^2$-SiPMs mit Metallgehäuse und 25, 50 und 100 µm Pixelgröße

Abbildung 3.3: Photon-Detektionseffizienz von *Hamamatsu* SiPMs [19]

die Bezeichnung der entsprechenden Serie, *33* steht für eine aktive Fläche von $3 \times 3\,\mathrm{mm}^2$, *100* für eine Pixelgröße von $100 \times 100\,\mathrm{µm}^2$ und *C* für ein Keramikgehäuse. In Abbildung 3.3 sind die spektralen Photon-Detektionseffizienzen verschiedener SiPMs von Hamamatsu dargestellt. Eine entsprechende Kurve für das im Prototyp verbaute Modell ist in der technischen Dokumentation des Herstellers nicht enthalten, Abbildung 3.3 (a) zeigt jedoch die Daten eines SiPMs des gleichen Typen mit kleinerer Pixelgröße. Darüber hinaus ist anhand der Kurven von *S10362-11*-Modellen mit Metallgehäuse in Abbildung 3.3 (b) ersichtlich, dass die Pixelgröße die Kurven in erster Näherung nur als eine Skalierung beeinflusst, was durch größere Füllfaktoren und sonst gleiche Eigenschaften bei steigender Pixelgröße erklärt werden kann. Die spektrale Detektionseffizienz des verbauten SiPM-Typen *S10362-33-100C* sollte daher bis auf einen Skalierungsfaktor ungefähr dem in Abbildung 3.3 (a) gezeigten Verlauf entsprechen. Das Emissionsspektrum des *BC-404* Szintillators aus Abbildung 3.2 liegt mit 380 nm bis 500 nm im Spektralbereich hoher Detektionseffizienz der SiPMs, die gewählten Komponenten sind also sehr gut aufeinander abgestimmt.

3.2 Frontend-Elektronik: SiPM-Duo-Controller

Die Frontend-Elektronik des Moduls wurde in der Werkstatt des III. Physikalischen Institutes der RWTH Aachen entwickelt und wird als *SiPM-Duo-Controller* bezeichnet [2]. Die Platine ist mit einem PT 1000 Temperaturfühler bestückt, der sich zwischen den beiden SiPMs befindet. Während des Betriebs wird die Temperatur regelmäßig von einem Mikrocontroller ausgelesen und die Versorgungsspannung der SiPMs gemäß dem von *Hamamatsu* angegebenen Temperaturkoeffizienten von 56 $\frac{mV}{K}$ angepasst [19]. Die Spannungsversorgung des *Duo-Controllers* erfolgt über das sogenannte *Avalanche Photo Diode Power Interface* (APDPI), ein ebenfalls in Aachen entwickeltes Modul im NIM-Standard, welches über ein Flachbandkabel bis zu 256 *Duo-Controller* parallel betreiben kann. Über die USB-Schnittstelle des APDPI können darüber hinaus die Mikrocontroller angesprochen, die aktuellen Versorgungsspannungen und Platinentemperaturen ausgelesen, sowie die Betriebsspannungen bei 25 °C gesetzt werden. Abbildung 3.4 zeigt das Blockdiagramm und ein Foto des *Duo-Controllers*. Die beiden SiPM-Signale werden zunächst einzeln verstärkt, bevor das analoge Summensignal gebildet wird und alle drei Ausgangssignale noch eine zweite Verstärkerstufe durchlaufen. Die verstärkten Signale können über Lemo-Buchsen ausgelesen werden.

3.2.1 Signalverstärkung

Der *Duo-Controller* wurde ursprünglich für den Betrieb von SiPMs der *Hamamatsu*-Serie *S10362-11-100U*, d. h. 1 × 1 mm² große SiPMs mit 10 × 10 Pixeln, konzipiert. Der Einsatz der größeren 3 × 3 mm² mit 30 × 30 Pixeln auf der gleichen Frontend-Elektronik brachte einige Probleme der Signalverstärkung mit sich. Aufgrund der größeren sensitiven Fläche und Pixelanzahl liefern die SiPMs deutlich größere Signale, welche zu übersteuerten Ausgangssignalen führten, wie auf der Oszilloskopaufnahme in Abbildung 3.5 zu sehen. Die jeweiligen Vorverstärker gehen bei zu großen SiPM-Signalen in Sättigung, ab einer gewissen Signalhöhe werden die Ausgangspulse nicht weiter linear verstärkt und wirken oberhalb von ca. 600 mV abgeschnitten. Die eigentliche Signalhöhe kann nur noch anhand der Breite des abgeschnit-

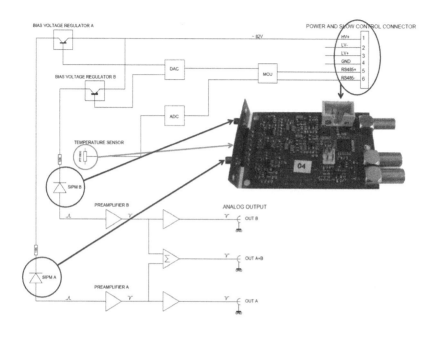

Abbildung 3.4: Blockdiagramm des *Duo-Controllers* und Foto einer bestückten Platine [2]

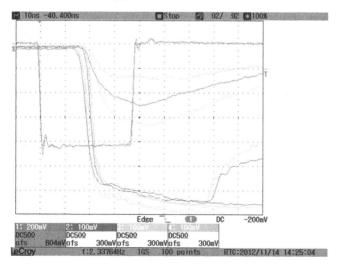

Abbildung 3.5: Oszilloskopaufnahme der übersteuerten Signale.

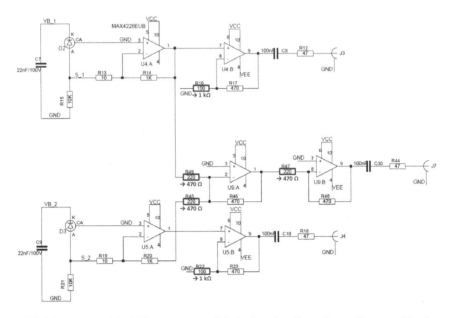

Abbildung 3.6: Modifikationen am Schaltplan des *Duo-Controllers* zur Verrin-
gerung der übersteuerten Signale, abgewandelt aus [2]

tenen Pulses erahnt werden. Darüber hinaus verschiebt sich die Position
des Pulsmaximums deutlich nach hinten und kann daher nicht mehr als
zeitliche Marke des Signals verwendet werden. Um diesem Problem entgegen
zu steuern, wurde der Verstärkungsfaktor bereits in [34] leicht reduziert,
jedoch aus Zeitgründen nicht weiter optimiert. Abbildung 3.6 zeigt anhand
des Schaltplanes der Verstärkerstufen alle Modifikationen, die gegenüber
der in [2] dokumentierten Originalfassung am *Duo-Controller* vorgenommen
wurden, um die Signalverstärkung zu reduzieren: Die Widerstände R 16 und
R 22 wurden von 100 Ω auf 1 kΩ erhört, R 45, R 47 und R 49 von 220 Ω auf
470 Ω.

Aufgrund des langen Ausläufers der landauverteilten Energiedeposition zu
großen Energiewerten ist es nur schwer möglich, die übersteuerten Signale mit
den gegebenen Komponenten komplett zu unterbinden. Die Signale werden
soweit abgeschwächt, dass ihr Großteil im dynamischen Bereich der Verstärker
liegt und die Auswirkungen äußerer Parameter auf die Modulsignale im

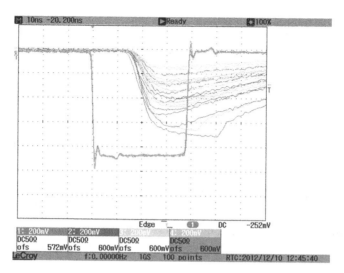

Abbildung 3.7: Oszilloskopaufnahme der angepassten Signale.

interessanten Bereich studiert werden können. Da der Summenausgang beim
MTT-Prototypen von besonderer Bedeutung ist, wird dieses Signal etwas
stärker reduziert. Die Anpassung der Signalhöhen dient in erster Linie der
Parameteruntersuchung und dem akademischen Zweck des physikalischen
Verständnisses der Signalspektren; für eine spätere Triggerentscheidung
stellen übersteuerte Signale prinzipiell kein Problem dar. Abbildung 3.7 zeigt
eine Oszilloskopaufnahme der angepassten Modulsignale (Beim Vergleich
mit Abbildung 3.5 ist die Skalierung der y-Achse zu beachten). In den
Einzelsignalen (Kanal 2 und 4) ist noch jeweils ein übersteuertes Signal zu
erkennen, die restlichen Signale sind über den dynamischen Bereich verteilt.
Die aufgenommenen Summensignale (Kanal 3) liegen deutlich tiefer und
zeigen keine Sättigungseffekte.

3.2.2 Das Summensignal

Aufgrund der unterschiedlichen Verstärkungsstufen entspricht das Summensignal nicht genau der analogen Summe der beiden Einzelsignale. Es handelt

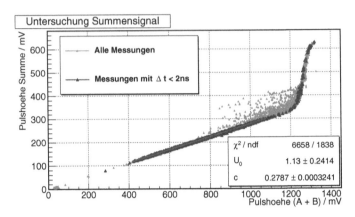

Abbildung 3.8: Untersuchung des Faktors c zwischen Pulshöhe des Summensignals und der tatsächlichen Summe der Pulshöhen der Einzelsignale: $S = c \cdot (A + B)$

sich um eine abgeschwächte Variante, was durch einen konstanten Faktor c ausgedrückt werden kann:

$$U_{\text{Summe}} = c \cdot (U_A + U_B). \qquad (3.1)$$

Zur Untersuchung dieses Faktors und des Einflusses der Signalsättigung auf den Summenausgang kann Abbildung 3.8 herangezogen werden.

Jeder Punkt in diesem Scatterplot entspricht einem Ereignis einer Messreihe, in der kosmische Myonen vermessen und die maximalen Pulshöhen der drei Kanäle bestimmt wurden. Auf der x-Achse ist die Summe der Pulshöhen der Einzelsignale aufgetragen, auf der y-Achse die Pulshöhe des Summensignals. Gemäß Formel 3.1 wäre ohne Sättigungseffekte ein linearer Verlauf zu erwarten. In der Auftragung sind alle Datenpunkte dieser Messreihe dargestellt, und diejenigen Ereignisse, in denen die zeitliche Position der Pulsmaxima von SiPM A und SiPM B maximal 2 ns auseinander lagen, hervorgehoben. Die Pulshöhen der Signalmaxima verhalten sich nur dann genau entsprechend Formel 3.1, wenn beide Einzelsignale zum selben Zeitpunkt ihr Maximum erreichen. Mit dieser Auswahl geben die Datenpunkte einen engen Verlauf wieder, der bis zu einer Pulshöhe von ca. 350 mV im Summensignal linear ist. Darüber sind zwei Knicke zu erkennen, welche durch die Sättigung der Vorverstärker erklärt werden können. Der erste Knick entspricht dem Punkt, an dem die Vorverstärker der beiden Einzelsignale in Sättigung gehen und die Einzelsignale nur noch sehr langsam ansteigen. Aufgrund der niedrigeren Verstärkung des Summensignals wird dieser Kanal jedoch auch bei größerem Lichteinfall noch normal verstärkt, wodurch sich der steile Verlauf der Kurve ergibt. Der zweite Knick am Ende der aufgetragenen Daten entspricht dem Punkt, an dem schließlich auch der Verstärker des Summensignals in Sättigung geht. Durch eine Geradenanpassung im linearen Bereich kann der Faktor c bestimmt werden:

$$c \approx 0{,}28. \tag{3.2}$$

Die weiten Ausläufer der Daten vor der Selektion können durch Ereignisse erklärt werden, in denen sich nur eines der beiden Einzelsignale bereits in Sättigung befindet.

3.3 Ergebnisse vorheriger MTT-Prototypen

Im Rahmen des MTT-Projektes sind am III. Physikalischen Institut B seit 2011 mehrere Abschlussarbeiten entstanden, in denen Modul-Prototypen untersucht oder simuliert wurden. Der folgende Abschnitt stellt einzelne wichtige Erkenntnisse dieser Arbeiten vor. Alle Abschlussarbeiten im Rahmen der CMS-Detektorentwicklung sind unter [31] verfügbar.

3.3.1 Auslese mit wellenlängenschiebenden Fasern

Die ersten Detektorprototypen der MTT-Gruppe stützten sich auf wellenlängenschiebende Fasern zum Einsammeln der Photonen im Szintillator und deren Umleitung auf die SiPM-Oberfläche. In Abbildung 3.9 ist ein Foto des Prototypen *Modul 3* dargestellt. Sowohl der Szintillator als auch die Frontend-Elektronik entsprechen den in *Modul 7* verwendeten, zur Auslese wurden jedoch SiPMs vom Typ *S10362-11-100U* verwendet, d. h. SiPMs im Metallgehäuse bei einer sensitiven Fläche von $1 \times 1\,\mathrm{mm}^2$. Die beiden Fasern im MTT-Prototypen sind jeweils entlang einer Kante über die gesamte Länge von $10\,\mathrm{cm}$ in den Szintillator eingeklebt. Szintillator und Fasern

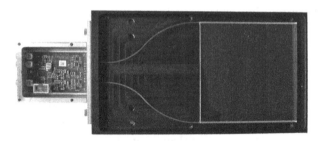

Abbildung 3.9: Foto des alten MTT-Prototypen *Modul 3* mit wellenlängenschiebenden Fasern

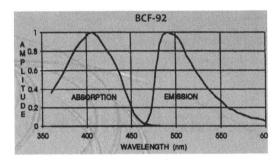

Abbildung 3.10: Absorptions- und Emissionsspektrum der wellenlängenschiebenden Faser BCF-92, entnommen aus [38]

wurden gemeinsam mit reflektierendem Material umwickelt. Die Idee der
Faserauslese liegt in der vergleichsweise großen sensitiven Fläche, auf der
Photonen eingesammelt und konzentriert auf die SiPM-Oberfläche umgeleitet
werden können. Bei den verwendeten Fasern handelt es sich um runde Fasern
des Typs *BCF-92* der Firma *Saint-Gobain* mit einem Durchmesser von
$d = 1\,mm$ [38]. Das Absorptions- und Emissionsspektrum der Fasern ist in
Abbildung 3.10 dargestellt.

Das Absorptionsmaximum entspricht zwar ungefähr dem Emissionsmaximum des *BC-404* Szintillators (Abbildung 3.2) und das Emissionsspektrum
der Faser liegt noch im sensitiven Bereich der SiPMs (Abbildung 3.3 (b)),
dennoch gehen bei diesen Übergängen immer Photonen verloren. Dieses Mo-
duldesign wurde in [34] und [35] untersucht, begleitet von Simulationen in [21].

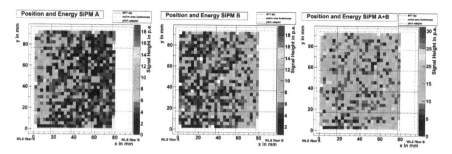

Abbildung 3.11: Ortsabhängigkeit der Ausgangssignale von Modul 3, entnommen aus [34]

Die Untersuchungen in [35] zeigten große Probleme bei der Ankopplung der Faserenden auf die SiPM-Oberfläche, was auf die geometrische Ausrichtung zurückzuführen ist. Die Ankopplung einer Faser mit $d = 1\,\text{mm}$ Durchmesser auf die hochempfindliche SiPM-Oberfläche von $1 \times 1\,\text{mm}^2$ stellt große Anforderungen an die mechanische Genauigkeit in allen drei Raumdimensionen. Die Simulationen in [21] zeigten darüber hinaus, dass die Austrittspunkte der Photonen am Faserende stark am Randbereich konzentriert sind. Daher gehen bereits bei kleinen Ungenauigkeiten in der Ausrichtung der Faser viele Photonen verloren, was zu signifikanten Einbrüchen der Signalhöhe führen kann.

Trotz dieser Probleme wurde das Modul ausgiebig untersucht. Von besonderem Interesse für diese Arbeit sind dabei die Untersuchungen zur Abhängigkeit der Signalhöhe vom Durchgangspunkt der Myonen, die in [34] durchgeführt wurden, da der Messaufbau aufgrund eines Hardwaredefektes für diese Arbeit nicht mehr zur Verfügung stand. Die Messungen wurden mit einem Hodoskop aufgenommen, in dem die Flugbahnen kosmischer Myonen mithilfe von vier Silizium-Streifen-Detektoren vollständig bestimmt werden. Aus der Teilchenbahn kann der Durchgangspunkt der Myonen durch das Prototypmodul innerhalb einer sensitiven Fläche von ungefähr $9 \times 8\,\text{cm}^2$ bestimmt und einer Signalhöhe zugeordnet werden. Abbildung 3.11 zeigt das Ergebnis einer solchen Messung aus [34].

Aufgetragen ist die mittlere Höhe der drei Modulsignale in Abhängigkeit des Durchgangspunktes der kosmischen Myonen. Bei den Einzelsignalen

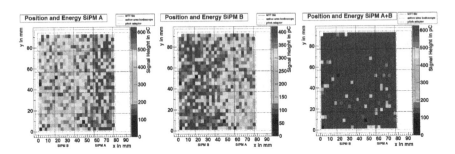

Abbildung 3.12: Ortsabhängigkeit der Ausgangssignale des ersten Prototypen
mit direkter Ankopplung der SiPMs an den Szintillator,
entnommen aus [34]

(linkes und mittleres Histogramm) ist eine erwartete Ortsabhängigkeit zu erkennen: Je näher an der Faser die Teilchen den Szintillator durchstoßen haben, desto größer ist das Signal in dem entsprechendem SiPM. Das Summensignal (rechtes Histogramm) zeigt den erhofften Effekt einer homogenen Detektorsensitivität, da sich die Ortsabhängigkeiten der Einzelsignale ausgleichen. Dies war ein wichtiges Ergebnis und eine weitere Bestärkung in dem gewählten Auslesekonzept mit zwei SiPMs.

3.3.2 Erste Ergebnisse der direkten Auslese

Neben den oben beschriebenen Problemen der Kopplung zwischen Fasern und SiPMs war die große Totfläche des Prototypen mit wellenlängenschiebenden Fasern, in der die Fasern zum SiPM geführt werden, ein Entscheidungsgrund für das neue Design. Der Vorteil der großen Faseroberfläche zum Einsammeln der Photonen im Szintillator wird beim Übergang zum neuen Modul für die kleinere Totfläche, größere SiPMs und bessere Ankopplungsmöglichkeiten aufgegeben. Erste Untersuchungen der direkten Auslese deuteten bereits in [34] und [35] auf eine gute Lichtausbeute im neuen Design hin. Darüber hinaus wurde der erste Prototyp der direkten Auslese in [34] bereits auf die Ortsabhängigkeit des Moduls untersucht. Die Ergebnisse dieser Untersuchung sind in Abbildung 3.12 dargestellt. Die Einzelsignale zeigen wieder eine starke Ortsabhängigkeit der Signalhöhe, allerdings wird auch bei diesem Modul mithilfe des Summensignals eine homogene Detektorsensitivität erreicht.

4 Messaufbau und Methodik

Das folgende Kapitel stellt den Versuchsaufbau der Prototypuntersuchungen vor und dient der besseren Nachvollziehbarkeit der Messungen des Hauptteils. Zunächst wird in Abschnitt 4.1 die verwendete Laborausstattung vorgestellt, anschließend erläutert Unterkapitel 4.2 den entworfenen Messaufbau. Teil 4.3 enthält eine kurze Beschreibung der implementierten Messprogramme und Abschnitt 4.4 definiert ein Qualitätskriterium für Prototypmessungen, anhand dessen im anschließenden Hauptteil verschiedene Modulkonfigurationen miteinander verglichen werden.

4.1 Verwendete Hardware

Die folgende Auflistung stellt die Laborelektronik aller verwendeten Messaufbauten zusammen. Darunter finden sich vor allem Module im NIM-Standard zur Signalverarbeitung und zum Aufbau von Triggerlogiken sowie Module im VME-Standard zur Digitalisierung und Auslese der Detektorsignale über einen PC.

Pulselektronik im NIM-Standard

APDPI: Das *Avalanche Photo Diode Power Interface* wurde in der Werkstatt des III. Physikalischen Institutes B entworfen und dient zur Spannungsversorgung und Kommunikation mit der Frontend-Elektronik der Prototypmodule (*SiPM-Duo-Controller*).

CAEN N1470 A: Das Hochspannungsmodul mit zwei Kanälen wird zum Betrieb von Photomultiplier-Tubes (PMT) verwendet, welche als Triggerdetektoren für kosmische Myonen eingesetzt werden. Das N1470 A liefert bis zu $\pm 8\,$kV Spannung bei einem maximalen Strom von $3\,$mA und einer maximalen Leistung von $8\,$W [13].

CAEN N1470: Das *N1470A* (s. o.) wurde im Laufe der Arbeit gegen diese Vier-Kanal-Version des Hochspannungsmoduls mit sonst gleichen Spezifikationen ersetzt [13].

LeCroy 428F: Linearer Vier-Kanal Fan-In/Fan-Out, der zur Signalvervielfachung eingesetzt wird. Die Ausgangssignale können um einen konstanten Spannungswert verschoben werden [25].

Phillips Scientific 792: Zwei-Kanal-Verzögerungsstufe, für jeden Kanal können Signalverzögerungen von 0,5, 1, 2, 4, 8, 16 und 32 ns additiv zu- bzw. abgeschaltet werden [30].

CAEN N108 A: Zwei-Kanal-Verzögerungsstufe, für jeden Kanal können Signalverzögerungen von 0,5, 1, 2, 4, 8, 16 und 32 ns additiv zu- bzw. abgeschaltet werden [11].

CAEN N1145: Zählmodul mit vier achtstelligen Kanälen für Raten bis zu 250 MHz. Das Modul mit einstellbarer Messzeit wird zur Effizienzbestimmung von PMTs durch Zählen von Koinzidenzen verwendet [12].

CAEN N840: *Leading-Edge*-Diskriminator mit acht Kanälen und einstellbarer Schwelle zwischen $-1\,$mV und $-255\,$mV bei einer Auflösung von $8\,$Bit (Schrittweite $1\,$mV) sowie einstellbarer Breite des NIM-Ausgangspulses zwischen $5\,$ns und $40\,$ns. Die Ausgangspulse stehen über einen internen Fan-Out zweifach zur Verfügung und werden als Trigger- und Gatesignal verschiedener Messungen verwendet [5].

Borer Co Electronics Type N6234: Koinzidenzstufe für bis zu fünf Eingangs- und sieben Ausgangssignale im NIM-Standard [36].

Pulselektronik im VME-Standard

Wiener VM-USB: Das Modul erlaubt die Kommunikation zwischen allen Einschüben im jeweiligen VME-Crate über eine USB-Schnittstelle [49].

CAEN V814: *Low-Threshold*-Diskriminator mit 16 Kanälen für negative Signalpulse. Die Diskriminatorschwelle kann mit einer Auflösung von 8 Bit zwischen $-1\,\mathrm{mV}$ und $-255\,\mathrm{mV}$ programmiert werden ($1\,\mathrm{mV}$ Schritte). Die Ausgangspulse werden im ECL-Format über ein Breitbandkabel ausgegeben, die Signalbreite ist zwischen $6\,\mathrm{ns}$ und $95\,\mathrm{ns}$ einstellbar [9].

CAEN V538 A: Der Pulswandler nimmt die ECL-Ausgangspulse des V814 über ein Breitbandkabel auf, konvertiert sie in den NIM-Standard und gibt sie über 16 unabhängige Lemo-Ausgänge aus [6].

CAEN V560 N: Zählmodul für Pulse im NIM-Standard mit 16 Kanälen bei jeweils 32 Bit Zähltiefe und Zählraten bis zu $100\,\mathrm{MHz}$ [7].

CAEN V965 QDC: Der Ladungs-Digital-Wandler (*charge(Q)-to-digital converter*) war in vielen vorherigen Arbeiten das wichtigste Messinstrument der MTT-Gruppe (siehe z. B. [34]). Solange ein Gate-Signal am QDC anliegt, wird das Eingangssignal auf einen Kondensator geleitet und lädt diesen auf. Die Ladung auf dem Kondensator kann mit einer Auflösung von 12 Bit in einem einstellbaren dynamischen Bereich von $0-100\,\mathrm{pC}$ oder $0-900\,\mathrm{pC}$ gemessen werden und entspricht dem Integral unter dem Eingangspuls während der Gate-Zeit [8].

CAEN VX1721 FADC: Dieser Acht-Kanal Flash-Analog-Digital-Wandler (*Flash analog-to-digital converter*) wurde im Rahmen der vorliegenden Arbeit neu in die MTT-Messumgebung integriert. Mit einer Auflösung von 8 Bit in einem dynamischen Bereich von $1\,\mathrm{V}$ (ca. $4\,\mathrm{mV}$ Schritte) und einer Samplingrate von $500\,\mathrm{MHz}$ (entspricht einer Abtastgeschwindigkeit von $2\,\mathrm{ns}$ pro Datenpunkt) ist es möglich, den zeitlichen Verlauf der SiPM-Pulse zu vermessen, abzuspeichern und wichtige Größen wie die Pulshöhe zu extrahieren. Für den späteren Einsatz als Triggerdetektor ist die Kenntnis der Modul-Pulshöhen von besonderer Bedeutung, da sie eine direkte Information über mögliche Diskriminatorschwellen liefern. Zwar sind die Messwerte der QDC-Auslese (Pulsintegral) mit der Pulshöhe korreliert, jedoch wird durch die direkte Betrachtung der Pulshöhe eine Kalibrierung der QDC-Messung erspart. Ein großer Nachteil des FADCs liegt in der vergleichsweise geringen Auflösung von 8 Bit

gegenüber dem QDC mit 12 Bit. Aufgrund von Schwankungen der zeitlichen Pulsposition innerhalb der Gatebreite bei einer QDC-Messung,
welche sich direkt auf das Pulsintegral auswirken, wird die Ladungs-
messung jedoch verschmiert, weshalb beide Messungen ungefähr die
gleiche Genauigkeit liefern [10].

Sonstige Hardware

LeCroy WaveJet 354 A: Das digitale Oszilloskop mit einer Bandbreite von
500 MHz und einer Samplingrate von 2 GHz verfügt über eine vertikale
Auflösung von 8 Bit bei einer Speichertiefe von 500 000 Datenpunkten
pro Kanal. Aufgrund der hohen Samplingrate und Speichertiefe eignet es
sich gegenüber dem FADC besser für Untersuchungen von Anstiegszei-
ten der Signalpulse oder Messungen zur Zeitauflösung. In dieser Arbeit
wurde das Oszilloskop lediglich für die schnelle Überprüfung der Signale
und Triggerlogik sowie zur Abschätzung von Triggerschwellen o. Ä. im
Laboralltag verwendet. Alle Oszilloskopaufnahmen von SiPM-Signalen
wurden ebenfalls mit dem WaveJet 354 A aufgenommen [26].

4.2 Aufbau der Auslesekette zur Datennahme

Der Aufbau der in Kapitel 4.1 beschriebenen Module zu einer Auslesekette
samt Triggerlogik wird durch Abbildung 4.1 für alle Messreihen zusammen-
fassend dargestellt. Die Grafik zeigt schematisch den parallelen Aufbau aller
Auslesemöglichkeiten, welcher im Laufe dieser Masterarbeit stetig weiterentwickelt wurde. Bei einigen gezeigten Messungen war daher nur der jeweils
relevante Teil der Auslese aufgebaut.

Oben links sind alle verwendeten Myondetektoren dargestellt: Zwei Pho-
tomultiplier-Tubes und das Summensignal des alten MTT-Prototypen mit
Faserauslese *Modul 3* (M3) (siehe Kapitel 3.3.1), welche als Triggerdetektoren
verwendet werden, sowie der zu untersuchende Prototyp *Modul 7* (M7).
Die Spannungsversorgung der PMTs erfolgt über das *CAEN N1470* HV-
Modul, die der MTT-Module über das APDPI, welches gleichzeitig zur
Kommunikation mit dem *Duo-Controller* dient. Die PMT-Signale und das
Summensignal von *Modul 3* durchlaufen jeweils einen Kanal des *CAEN*

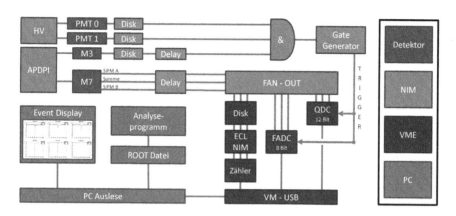

Abbildung 4.1: Aufbau der Ausleseelektronik

N840 Diskriminators mit Schwellenwerten von 200 mV für die PMTs und 150 mV für *Modul 3*. Das etwas schnellere Signal von *Modul 3* wird zunächst verzögert und anschließend mit den PMT-Signalen in Koinzidenz geschaltet. Das Koinzidenzsignal wird ebenfalls auf einen Kanal des *N840* Diskriminators gegeben, welcher in diesem Fall als Generator eines NIM-Gatesignals fester Breite verwendet wird. Mit diesem Gatepuls wird die Auslese im QDC und FADC gestartet.

Damit die Signale von *Modul 7* zeitgleich mit dem Gatesignal am QDC bzw. FADC anliegen, müssen sie während der oben beschriebenen Verarbeitung der Triggersignale verzögert werden. Die verzögerten Signale werden vom *LeCroy 428F Fan-Out* vervielfacht und stehen für parallele Messungen zur Verfügung. Der QDC und FADC können gleichzeitig ausgelesen und beide Spektren der gleichen Messung miteinander verglichen werden. Abbildung 4.2 zeigt alle Signale, die am FADC und QDC ankommen. Gemäß den Anforderungen des QDCs eilt das Gatesignal den Modulsignalen um ca. 15 ns voraus. Eine weitere Messung ergibt sich durch die Hintereinanderschaltung des *V814* Diskriminators mit dem *V538 A* Pulswandler und dem *V560 N* Zähler. Die Auslesekette erlaubt die Messung von Pulsraten in Abhängigkeit einer Diskriminatorschwelle und muss nicht extern getriggert werden. Alle Messungen werden über den Wiener VM-USB am PC ausgelesen und in ROOT-Dateien abgespeichert. Für die FADC-Auslese steht darüber hinaus

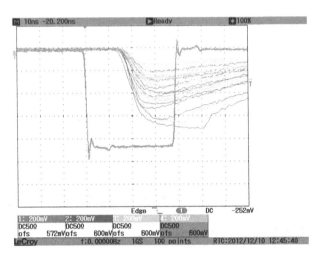

Abbildung 4.2: Oszilloskopaufnahme der Modulsignale und dem Gatepuls, wie sie am QDC und FADC anliegen.

eine Echtzeit-Anzeige des letzten ausgelesenen Myondurchgangs zur Verfügung. Dieses sogenannte Event-Display zeigt die Signale der SiPMs sowie aller verwendeten Triggerdetektoren und bestimmt die jeweiligen Pulshöhen.

4.3 Messprogramme

Alle vorgestellten Messergebnisse dieser Arbeit wurden im Wesentlichen mit drei Messprogrammen aufgenommen. Dazu gehören die bereits in [34] verwendete Zählratenmessung in Abhängigkeit der Pulshöhe und die Aufnahme des QDC-Spektrums bis zu einer vorgegebenen Ereigniszahl. Die parallele Auslese der gesamten Pulsinformation des FADCs und der QDC-Ladung wurde in ein neues Messprogramm implementiert und für den Großteil der Messungen dieser Arbeit verwendet. Alle Messprogramme lesen Parameter, wie z. B. vorgegebene Messzeiten, Ereigniszahlen, Dateipfade oder Diskriminatorschwellen über Konfigurationsdateien ein und bieten dem Nutzer daher große Flexibilität bei unterschiedlichen Fragestellungen. Im Folgenden werden die drei Messroutinen kurz beschrieben.

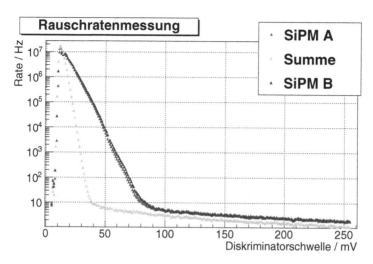

Abbildung 4.3: Beispiel einer Zählratenmessung

Zählratenmessung: Bei dieser Messung werden die Zählraten aller drei Modulsignale in Abhängigkeit einer angelegten Diskriminatorschwelle aufgezeichnet. Die Signale durchlaufen zunächst den *V814* Diskriminator, dessen Ausgangspulse über den *V538* Pulswandler auf den *V560 N* Zähler umgeleitet und dort gezählt werden. Die Diskriminatorschwellen werden über die Software gesetzt und in vorgegebener Schrittweite durchgefahren. Bei jeder Diskriminatorschwelle wird der entsprechende Kanal des Zählers auf Null gesetzt und für eine vorgegebene Messzeit freigegeben, anschließend wird aus dem Zählerstand und der Messzeit die jeweilige Rate berechnet. Aufgrund der stark abfallenden Rauschraten der SiPMs wird die Messzeit der Datenpunkte linear mit der Diskriminatorschwelle erhöht. Sowohl Startwert und Steigung dieses Anstiegs der Messzeit als auch Start- und Endpunkte der Diskriminatorschwelle sowie deren Schrittweite werden über die Konfigurationsdatei vorgegeben. Abbildung 4.3 zeigt beispielhaft das Ergebnis einer Rauschratenmessung aller drei Signale.

Messung eines QDC-Spektrums: Die Messroutine zur einfachen Aufnahme von QDC-Spektren stellte in den vorherigen Abschlussarbeiten innerhalb der MTT-Gruppe das wichtigste Werkzeug zur Untersuchung der Prototypen

dar. Das Programm liest so lange Daten am QDC aus und füllt die Ladungs-
werte der drei Kanäle in jeweils ein Histogramm, bis eine vorgegebene Anzahl
an Ereignissen aufgenommen wurde. Während einer wählbaren Wartezeit
schreibt der QDC zu jedem ankommenden Triggersignal die entsprechenden Daten in einen Zwischenspeicher, welcher anschließend ausgelesen wird.
Die Wartezeit sollte je nach Triggerrate ausgewählt werden, da jede QDC-
Auslese eine gewisse Totzeit zur Folge hat. Bei zu häufiger Datenabfrage
wird die Messdauer daher unnötig vergrößert, bei zu seltener Abfrage kann
es hingegen passieren, dass der Zwischenspeicher des QDCs voll ist und Daten verloren gehen. Die Ausgabe des Messprogramms ist eine ROOT-Datei
mit drei Histogrammen. Über die einzelnen Ereignisse kann später keine
Information mehr aus den Daten extrahiert werden.

Ereignisweise Auslese von QDC und FADC: Mit der Integration des FAD-
Cs in den MTT-Messstand wurde nicht nur die Messroutine sondern auch
die Datenstruktur der Ausgabe neu konzipiert. Wie auch bei dem vorherigen Messprogramm werden zunächst bei jedem Triggersignal Daten in
dem jeweiligen Zwischenspeicher des QDCs bzw. FADCs gesammelt und
gemeinsam ausgelesen. Danach wird überprüft, ob in beiden Modulen gleich
viele Ereignisse abgespeichert wurden, was aufgrund von unterschiedlichen
Totzeiten nicht der Fall sein muss. Haben beide Geräte gleich viele Trigger verarbeitet, werden die jeweiligen Daten sogenannten Events in einer
ROOT-Struktur der TTree-Klasse zugewiesen, die auch nach der Messung
den Zugriff auf einzelne Ereignisse erlaubt. Darüber hinaus werden aus dem
digitalisierten SiPM-Signal des FADCs bereits während der Messung einige
Kenngrößen der Pulse berechnet, dazu gehören: Die Lage der Baseline, die
Pulshöhen relativ zur Baseline, die Anstiegs- und Abklingzeit der Pulse
oder die zeitliche Position der Pulse. Neben den Signalinformationen werden
auch die Temperatur auf dem *Duo-Controller*, die Versorgungsspannungen
der SiPMs und die Systemzeit der jeweiligen Ereignisse mitgespeichert. Die
ereignisweise Speicherung der Daten erlaubt es, verschiedene Messgrößen
in sogenannten Scatterplots gegenüber zu stellen oder Ereignisse gemäß
bestimmten Anforderungen an ausgewählte Messgrößen zu selektieren.

4.4 Reduktion der Rohdaten auf vergleichbare Größen

Um Modulkonfigurationen verschiedener Parameter miteinander vergleichen zu können, muss eine Methode definiert werden, die Messungen automatisiert auf ein quantitatives und einheitliches Qualitätskriterium pro Ausgangssignal (SiPM A, SiPM B, Summensignal) reduzieren kann. Da das Kriterium die Lichtausbeute widerspiegeln soll, ist ein möglicher Ansatz durch den Mittelwert aller Pulshöhen des FADC-Spektrums bzw. Ladungen des QDC-Spektrums gegeben. Wie in Kapitel 2.2 jedoch bereits belegt wurde, ist es sinnvoller bei Energiedepositionen einzelner Teilchen den wahrscheinlichsten Wert des Energieverlustes zu betrachten. Dieser Wert wird als MPV (*most probable value*) bezeichnet und kann als Parameter einer Landauanpassung an die gemessenen Spektren bestimmt werden. Eine Verzerrung durch die übersteuerten Signale, die im Spektrum von der Landauverteilung abweichen, wird durch entsprechende Wahl des Anpassungsbereiches ausgeschlossen.

Die Annahme einer Landauverteilung in den entsprechenden Spektren ist im Energieverlust der Myonen im Szintillator zwar physikalisch begründet, beinhaltet jedoch einige idealisierte Annahmen. Wie in Kapitel 2.2 beschrieben, ist der Energieverlust einzelner Myonen im Szintillator landauverteilt. Eine lineare Auswirkung der deponierten Energie auf die Pulshöhe (FADC) bzw. das Pulsintegral (QDC) ist jedoch nur in erster Ordnung gegeben, da mehrere Übergänge berücksichtigt werden müssen:

- Deponierte Energie   ⇒   Anzahl Photonen im Szintillator
- Anzahl Photonen im Szintillator   ⇒   Anzahl Photonen auf den SiPMs
- Anzahl Photonen auf den SiPMs   ⇒   Anzahl durchbrechender Pixel
- Anzahl durchbrechender Pixel   ⇒   Höhe und Form des elektrischen Signals

Ein linearer Zusammenhang ist für jeden dieser Übergänge in erster Näherung eine sinnvolle Annahme, jedoch unterliegt jeder Prozess statistischen Schwankungen, welche die Landauverteilung verschmieren können. Für den Zweck der Untersuchungen dieser Arbeit ist diese Näherung jedoch ausreichend. Eine genaue physikalische Beschreibung bzw. Vorhersage der Spektren wird

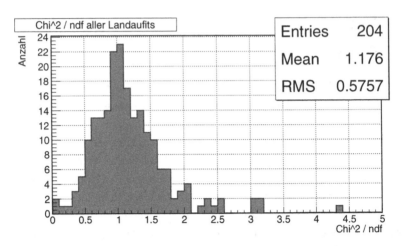

Abbildung 4.4: Verteilung der $\frac{\chi^2}{\text{ndf}}$ aller Landauanpassungen

nicht angestrebt, es geht lediglich um die Bestimmung der wahrscheinlichsten Pulshöhe bzw. des wahrscheinlichsten Pulsintegrals als vergleichbares Qualitätskriterium einer Messung.

Im Rahmen dieser Arbeit wurden 204 Landauanpassungen automatisiert durchgeführt und visuell auf die Position des Maximums überprüft. Die Verteilung der $\frac{\chi^2}{\text{ndf}}$-Werte aller Anpassungen ist in Abbildung 4.4 gezeigt und kann als Kontrollmittel der automatisierten Anpassungen herangezogen werden. Der Mittelwert liegt mit 1,176 sehr nahe an 1, in Anbetracht des vereinfachten physikalischen Modells entspricht eine Abweichung nach oben der Erwartung. Darüber hinaus ist die Verteilung ziemlich schmal, die Einträge mit $\frac{\chi^2}{\text{ndf}} < 0{,}5$ und $\frac{\chi^2}{\text{ndf}} > 2$ können auf Messungen mit sehr niedrigen Signalen, in denen nur wenige Datenpunkte für die Anpassung zur Verfügung standen, zurückgeführt werden. Aufgrund der entsprechend kleinen Anzahl an Freiheitsgraden unterliegt der χ^2-Wert starken Schwankungen.

Die Abbildungen 4.5 (a) – (f) zeigen exemplarisch die angepassten Landaukurven aller sechs Spektren einer Messung. Das Auswertungsprogramm führt zuerst eine Anpassung im gesamten Messbereich durch, deren Parameter bereits eine grobe Abschätzung des Maximalwertes MPV und der Breite σ der Kurve darstellen, jedoch durch die Rauscheinträge und übersteuerten

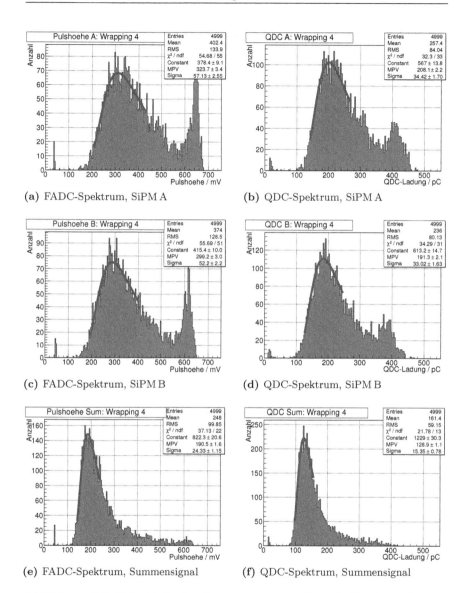

(a) FADC-Spektrum, SiPM A

(b) QDC-Spektrum, SiPM A

(c) FADC-Spektrum, SiPM B

(d) QDC-Spektrum, SiPM B

(e) FADC-Spektrum, Summensignal

(f) QDC-Spektrum, Summensignal

Abbildung 4.5: Beispiel der Landauanpassung an alle sechs Spektren einer Messung

Signale verschoben sein können. Mithilfe dieser Werte wird der Bereich der richtigen Anpassung zwischen $(MPV - 2 \cdot \sigma)$ und $(MPV + 2 \cdot \sigma)$ festgelegt, und ggf. auf mindestens sechs Datenpunkte erweitert. Durch diese Wahl werden die Maximalwerte der Spektren gut wiedergegeben und die oben diskutierte $\frac{\chi^2}{ndf}$-Verteilung erreicht.

5 Untersuchungen am 10 × 10 cm² Modul

Dieses Kapitel stellt den Hauptteil der vorliegenden Arbeit dar. Einzelne Parameter des MTT-Prototypmoduls werden systematisch untersucht und hinsichtlich der Signalhöhe und folglich des Signal-Rausch-Verhältnisses optimiert. Ein hohes Detektorsignal ergibt sich, wenn viel Szintillationslicht von den SiPMs eingesammelt wird: Man spricht in diesem Fall von einer hohen Lichtausbeute. Um die Lichtausbeute zu maximieren, werden die Szintillatordicke, die Eigenschaften einer reflektierenden Umwickelung des Szintillators, die Szintillatorpolitur und die Ankopplung der SiPMs an den Szintillator untersucht. Als Vergleichsmittel dient der in Kapitel 4.4 beschriebene MPV-Wert der angepassten Modulspektren. Bei der Untersuchung des qualitativen Einflusses der Modulparameter kann auf eine Fehlerbetrachtung im Vergleich der MPV-Werte verzichtet werden. Das Kapitel schließt mit einer Untersuchung der Signalreinheit, sowie der Bestimmung der Detektoreffizienz und einer abschließenden Beurteilung des Moduls für den Einsatz als Triggerdetektor. Alle gezeigten Untersuchungen wurden mit kosmischen Myonen durchgeführt. Typische Spektren einer Modulmessung sind in Abbildung 4.5 am Ende des vorherigen Kapitels dargestellt. Bereits auf den ersten Blick ist eine klare Trennung zwischen Signal- und Rauscheinträgen sowie der geringe Anteil an Rauscheinträgen erkennbar.

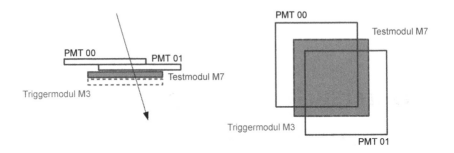

Abbildung 5.1: Schematischer Aufbau der Triggerdetektoren für kosmische
Myonen. Links: Seitenansicht, rechts: Draufsicht

5.1 Aufbau eines externen Triggers für kosmische Myonen

Zur Untersuchung des Prototypmoduls wird ein Triggersignal benötigt, das
beim Durchgang kosmischer Myonen durch den Detektor die Datenauf-
nahme im QDC und FADC auslöst. Um ein unverzerrtes Messergebnis
zu erhalten und im weiteren Verlauf eine Detektoreffizienz bestimmen zu
können, darf das Modul die Signalauslese nicht selbst triggern. Mithilfe
zweier durch Photomultiplier-Tubes ausgelesener Szintillatoren und dem
MTT-Prototypmodul 3 (siehe Kapitel 3.3.1) wird ein externer Trigger aufgebaut. Die Anordnung ist in Abbildung 5.1 schematisch dargestellt. Die
zur Verfügung stehenden Szintillatoren sind mit einer sensitiven Fläche von
$15 \times 15\,cm^2$ deutlich größer als der MTT-Prototyp. Die Detektoren werden
daher mit einer ca. $8 \times 8\,cm^2$ großen Überlappung der beiden Szintillatoren
oberhalb und dem *MTT-Modul 3* unterhalb des Prototypen angeordnet.
Eine Koinzidenzschaltung dieser drei Detektoren liefert zuverlässige Triggersignale für kosmische Myonen, welche aus geometrischen Gründen das
Modul 7 durchquert haben müssen.

5.1.1 Ermittlung der PMT-Arbeitspunkte

Bevor der oben beschriebene Aufbau in Betrieb genommen wird, werden
die optimalen Arbeitspunkte, d.h. die Versorgungsspannungen, der PMTs

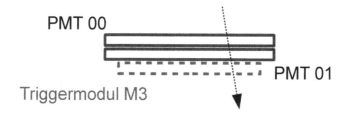

Abbildung 5.2: Anordnung zur Bestimmung der PMT-Arbeitspunkte

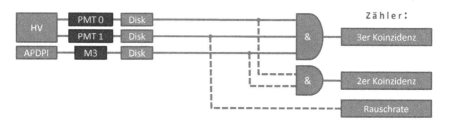

Abbildung 5.3: Schaltung zur Bestimmung der PMT-Arbeitspunkte

bestimmt. Ein guter Arbeitspunkt zeichnet sich durch eine hohe Detektions-effizienz bei möglichst niedriger Dunkelrauschrate aus. Zur Bestimmung der Effizienz werden die Triggerdetektoren gemäß Abbildung 5.2 angeordnet.

In diesem Aufbau werden jeweils ein PMT und das *MTT-Modul 3* benutzt, um Teilchendurchgänge durch den zweiten PMT zu bestimmen. Liefern die beiden äußeren Detektoren koinzidente Signale, muss das Myon auch durch den mittleren Detektor geflogen sein. Die Koinzidenz der äußeren Detektoren gibt also die Anzahl der Teilchendurchgänge wieder, die Koinzidenz aller drei Detektoren gibt Auskunft darüber, wie viele dieser Myonen auch vom PMT in der Mitte detektiert wurden. Die Schaltung der Ausleseelektronik für die-sen Vorversuch ist in Abbildung 5.3 dargestellt. Alle drei Signale durchlaufen einen Diskriminator, bevor die oben beschriebenen Koinzidenzen gebildet und gezählt werden. Mithilfe des Oszilloskopes wird die Versorgungsspannung des ersten PMTs grob festgelegt und 200 mV als sinnvolle Diskriminatorschwelle für die PMT-Signale abgelesen. Die Diskriminatorschwelle für *Modul 3* wird auf 150 mV eingestellt. Die Pulse werden bei verschiedenen Versorgungsspan-

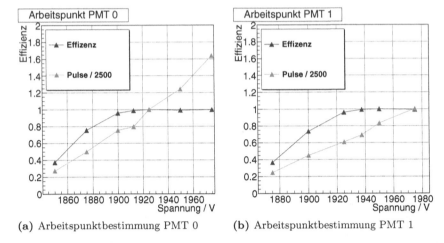

(a) Arbeitspunktbestimmung PMT 0   (b) Arbeitspunktbestimmung PMT 1

Abbildung 5.4: Darstellung der Effizienz beider PMTs bei einer Diskriminatorschwelle von 200 mV zur Bestimmung der optimalen Versorgungsspannung, Die Dunkelrauschrate ist zusätzlich in beliebigen Einheiten aufgetragen

nungen des mittleren PMTs jeweils fünf Minuten lang gezählt und über den Quotienten der Koinzidenzen die jeweilige Detektionseffizienz ϵ bestimmt:

$$\epsilon = \frac{3er\text{-Koinzidenzen}}{2er\text{-Koinzidenzen}} \tag{5.1}$$

Als Arbeitspunkt wird eine möglichst niedrige Spannung gewählt, bei der die Effizienz 99 % überschreitet. Anschließend werden die PMTs vertauscht und auf gleiche Art der Arbeitspunkt des zweiten PMTs bestimmt. Die Ergebnisse dieser Messreihen sind in Abbildung 5.4 dargestellt. Die Versorgungsspannung von PMT 0 wird auf 1920 V festgelegt, die von PMT 1 auf 1940 V.

5.2 Untersuchung des reflektierenden Materials

Da bei einem Teilchendurchgang durch den Szintillator die Photonen ohne Vorzugsrichtung erzeugt werden, fliegen nur wenige direkt auf einen

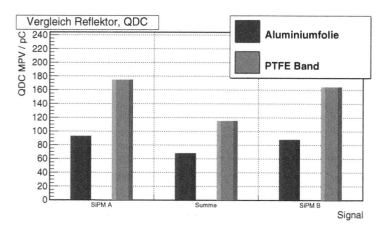

Abbildung 5.5: Vergleich der wahrscheinlichsten QDC-Ladung der SiPM-Signale für einen Szintillator mit Aluminium- und PTFE-Umwickelung

der SiPMs. Die meisten werden mehrfach an den Szintillatoroberflächen reflektiert bevor sie detektiert werden können oder verloren gehen. Um Lichtverluste bei diesen Reflexionen zu verringern, ist es wichtig, die Szintillatoroberfläche zu verspiegeln. In diesem Versuch wurde Aluminiumfolie und das *BC-642 PTFE Reflector Tape* der Firma *Saint-Gobain* als reflektierende Szintillatorumwickelung getestet. PTFE steht für Polytetrafluorethylen und ist umgangssprachlich als Teflon® bekannt. Das verwendete Band ist 0.08 mm dünn und soll bei dreilagiger Wickelung optimale Reflektivität bieten.[3]

Da zum Zeitpunkt dieser Messung die FADC-Auslese noch nicht zur Verfügung stand, werden die MPV-Werte der Landauanpassungen an die QDC-Spektren verglichen. Der Messung mit Aluminiumfolie liegen 150 000 getriggerte Ereignisse zugrunde, der Messung mit PFTE-Band 100 000. Das Ergebnis beider Messungen ist in Abbildung 5.5 graphisch dargestellt.

Die Empfehlung der Firma *Saint Gobain* von PTFE-Band als Reflektormaterial kann verifiziert werden: die Signale des Szintillators mit PTFE-Wickelung heben sich deutlich von denen mit Aluminium ab. Die Zahlenwerte der Messungen und der relative Signalanstieg sind in Tabelle 5.1 aufgelistet.

---

[3]Angaben der Firma *Saint-Gobain*, siehe [39, S.2]

Tabelle 5.1: MPV-Werte der QDC-Spektren für Aluminium und PTFE-Band
als reflektierendes Wickelmaterial des Szintillators

Reflektormaterial	SiPM A [pC]	Summe [pC]	SiPM B [pC]
Aluminium	93	68	88
PTFE	175 (+88 %)	116 (+71 %)	164 (+86 %)

Die Lichtausbeute steigt in den Einzelsignalen um 88 % bzw. 86 % und im
Summensignal um 71 %. In allen folgenden Messungen wird PTFE-Band als
Reflektor verwendet. Abgesehen von den besseren optischen Eigenschaften
lässt sich das Band gegenüber Aluminiumfolie aufgrund seiner Elastizität
und Dicke darüber hinaus besser wickeln. PTFE-Band ist in verschiedenen Ausführungen als Gewindeband erhältlich und wird normalerweise zur
Abdichtung in Gas- und Wassersystemen verwendet. Während dieser Arbeit konnten keine Unterschiede zwischen dem *BC-642 Reflector Tape* und
handelsüblichem Gewindeband festgestellt werden.

5.3 Untersuchung der Szintillatordicke

In diesem Versuch wurde der Einfluss der Szintillatordicke auf die SiPM-
Signale untersucht. Die Dicke des Szintillators überträgt sich linear auf
die Wegstrecke der Myonen im Detektor und daher auch auf die mittlere
Energiedeposition im Szintillator. Bei halber Szintillatordicke sollte folglich
nur halb so viel Szintillationslicht erzeugt werden und die SiPM-Signale
müssten um 50 % fallen. Abbildung 5.6 zeigt das Ergebnis des Vergleiches
zwischen einem 5 mm und einem 10 mm dicken Szintillator.

Überraschenderweise fällt das Signal bei Halbierung der Szintillatordicke
nur leicht. Dies kann möglicherweise durch Sättigungseffekte im SiPM erklärt
werden: Wenn viele Pixel des SiPMs durchbrechen, fällt die Versorgungsspannung an den restlichen Pixeln um die entsprechende Pulshöhe und der SiPM
ist für kurze Zeit weniger sensitiv. Wenn im 5 mm Szintillator also bereits
genügend viele Photonen eingesammelt werden, um den SiPM in diesen
Sättigungsbereich zu bringen, liefert doppelt so viel Licht im 10 mm dicken
Szintillator keine doppelt so großen Signale. Die entsprechenden Zahlenwerte

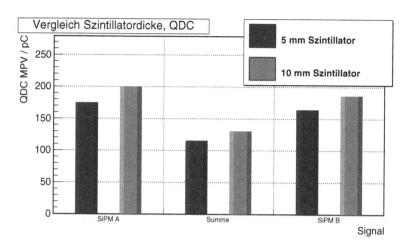

Abbildung 5.6: Vergleich der wahrscheinlichsten QDC-Ladung der SiPM-Signale für einen 5 mm bzw. 10 mm dicken Szintillator

Tabelle 5.2: MPV-Werte der QDC-Spektren bei 5 mm bzw. 10 mm dickem Szintillator

Szintillatordicke	SiPM A [pC]	Summe [pC]	SiPM B [pC]
10 mm	200	131	187
5 mm	175 (−13 %)	115 (−12 %)	164 (−12 %)

können in Tabelle 5.2 nachgelesen werden: Beim Übergang von 10 mm auf 5 mm liegt der Signalrückgang in der Größenordnung von 10 %.

Das Ziel des MTT-Projektes liegt aufgrund des kompakten CMS-Detektors in besonders schmalen Modulen, d. h. in der Praxis einem guten Kompromiss zwischen Signalhöhe und Moduldicke. Der Signalverlust von 12 % bzw. 13 % kann bei einer Szintillatoreinsparung von 50 % toleriert werden. Alle weiteren vorgestellten Messungen wurden daher mit einem 5 mm dicken Szintillator durchgeführt. Aufgrund der mechanischen Ankopplung an den 3 mm großen SiPM wurden noch schmalere Szintillatoren nicht in Betracht gezogen.

5.4 Einfluss der Durchgangspunkte der Myonen

Die Abhängigkeit des Detektorsignals vom Durchgangspunkt der Myonen, also die Homogenität des Detektors, ist ein wichtiger Parameter für den späteren Einsatz des Moduls im Experiment. Eine hochauflösende Messung der räumlichen Signalverteilung wurde in der Masterarbeit von M. Quittnat (siehe [34, Kapitel 7]) mithilfe eines Hodoskops für kosmische Myonen aufgebaut und vorgestellt. Aufgrund eines Hardwaredefektes des Messaufbaus konnte eine entsprechende Vergleichsmessung für die neue Modulkonfiguration leider nicht durchgeführt werden.

Um trotzdem einen groben Eindruck von der Ortsabhängigkeit zu bekommen, wurde die in Kapitel 5.1 beschriebene Überlappung der PMT-Trigger auf ca. $2 \times 2\,cm^2$ verkleinert und somit die möglichen Durchgangspunkte der Myonen eingeschränkt. Das Modul wurde mit dieser Triggerkonfiguration an vier unterschiedlichen Stellen vermessen, die in Abbildung 5.7 eingezeichnet sind.

Bedingt durch die kleinere Triggerfläche steigt die Messdauer stark an, weshalb auf weitere Messpunkte verzichtet wurde. Ziel dieser Messreihe

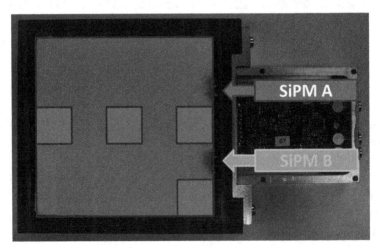

Abbildung 5.7: Foto des Moduls: Zur Untersuchung der Ortsabhängigkeit wurden gesonderte Messungen mit Myonen in den vier markierten Bereichen aufgenommen

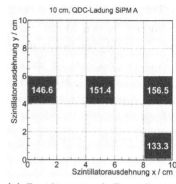
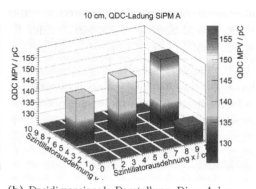

(a) Zweidimensionale Darstellung:
Die Zahlenwerte entsprechen
dem jeweiligen MPV-Wert in
pC

(b) Dreidimensionale Darstellung: Die z-Achse
wurde auf den interessanten Bereich beschränkt

Abbildung 5.8: Untersuchung zur Ortsabhängigkeit des Signales von SiPM A,
aufgetragen sind die MPV-Werte der QDC-Spektren

ist es die Homogenität des Detektors qualitativ zu untersuchen. Eine genauere Vermessung muss in zukünftigen Arbeiten mithilfe des Hodoskops
nachgeholt werden. Aufgrund einer Fehlankopplung[4] von SiPM B an den
Szintillator, konnte nur das Einzelsignal von SiPM A betrachtet werden. Die
MPV-Werte der gemessenen QDC-Spektren sind in Abbildung 5.8 zwei- und
dreidimensional dargestellt. In der dreidimensionalen Auftragung wurde der
Anzeigebereich der z-Achse vergrößert, um die Signalunterschiede besser
hervorzuheben: Die Schwankungen sind nicht so hoch, wie die Darstellung
auf den ersten Blick suggeriert, jedoch kann in dieser Darstellung die räum-
liche Signalentwicklung direkt abgelesen werden. Entlang der Mittelachse
fällt das Signal mit steigendem Abstand zum SiPM, was der Erwartung
entspricht, da weniger Licht direkt eingesammelt wird und auf dem längeren
Weg mehr Reflexionen stattfinden. Auch der stärkere Signaleinbruch in dem
vermeidlich toten Winkel von SiPM A (d. h. der Ecke unten rechts in den
Abbildungen 5.7 und 5.8) ist nachvollziehbar, da aus diesem Winkel fast kein
Licht direkt auf den SiPM trifft. Aus den Absolutwerten in Abbildung 5.8 (a)
kann man ablesen, dass das Signal selbst in diesem Extremfall jedoch nur

---

[4]nähere Erläuterungen folgen in Kapitel 5.5

um ca. 12 % gegenüber dem Zentralwert abfällt. Da sich in der Überlagerung
beider SiPM-Signale eine Glättung der Extremwerte in den Modulecken
ergeben sollte, wäre die Signalverteilung des Summenkanals von besonderem
Interesse. Aufgrund der fehlerhaften Ankopplung von SiPM B ist jedoch
auch das Summensignal dieser Messung nicht aussagekräftig. Wegen des
hohen zeitlichen Aufwandes und der beschränkten Auflösung des Aufbaus
wurde die Messung nicht wiederholt. Die Ergebnisse zeigen jedoch bereits,
dass das Signal sich entsprechend der Erwartung verhält und nur kleine
Schwankungen aufweist.

5.5 Untersuchung der Kopplung zwischen SiPM und Szintillator

Der folgende Abschnitt stellt eine Versuchsreihe über verschiedene Ankopplungsmöglichkeiten zwischen SiPM und Szintillator vor. In den Prototypen
vorheriger Arbeiten und allen bisher gezeigten Messungen dieser Arbeit
wurde der SiPM mit dem *Optical Grease BC 630* der Firma *Saint-Gobain*
(siehe [39, S. 1]) an den Szintillator gekoppelt. Der in Kapitel 5.4 beschriebene
Signaleinbruch von SiPM B kann durch das Austrocknen dieses Gels erklärt
werden. Abbildung 5.9 (a) zeigt das optische Gel vor der Verarbeitung, 5.9 (b)
zeigt das vertrocknete Gel nach der Messung aus Kapitel 5.4.

Auf der Berührungsfläche des SiPMs ist das Gel vollständig verschwunden,
am Randbereich der Szintillatorkante wirkt das Gel ausgehärtet und brüchig.
Der Effekt wurde in vorherigen Messungen der MTT-Prototypen wahrscheinlich nicht gesehen, da sie stets in kurzen Zeitabständen auseinander und mit
neuem Gel wieder zusammengebaut wurden.

Da das BC 630 Gel offensichtlich keine langfristige Lösung für spätere
Module im Experiment darstellen kann, wurden zwei weitere Ankopplungen
untersucht und mit dem BC 630 Gel sowie der direkten Ankopplung ohne
Hilfsmittel verglichen. Eine Methode ist an die Kopplung zwischen Szintillatoren und PMTs, bei denen seit Jahrzehnten Scheiben aus Silikonkautschuk
verwendet werden, angelehnt. Für das MTT-Modul wurde der Silikonkautschuk *ELASTOSIL RT 604* der Firma *Wacker Chemie* (siehe [48]) getestet.
Dazu wurde eine ca. 1 mm dicke Schicht auf eine Glasoberfläche gegossen

 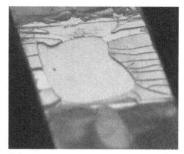

(a) Das optische Gel lässt sich leicht verarbeiten

(b) Das vertrocknete Gel auf dem Szintillator

Abbildung 5.9: *Saint-Gobain Optical Grease BC 630*: Das Gel vertrocknet im Zeitraum von einigen Tagen bis zwei Wochen

Abbildung 5.10: Plättchen aus Silikonkautschuk *ELASTOSIL RT 604*

und unter einer Vakuumglocke von Luftbläschen befreit. Bei Raumtemperatur vulkanisiert der Kautschuk innerhalb von 24 h. Abbildung 5.10 zeigt kleine Scheiben, die aus der ausgehärteten Kautschukplatte herausgestochen wurden. Die Plättchen sind flexibel und unkompliziert in der Handhabung, bei zu großer Krafteinwirkung jedoch schnell brüchig.

Als weitere Alternative wurde das Silikongel *RTV 6156* der Firma *GE Silicones* (siehe [17]), welches ebenfalls aus zwei Komponenten angerührt wird und innerhalb von 24 h aushärtet, getestet. Nach dem Anrühren wurden erneut Lufteinschlüsse unter einer Vakuumglocke abgesaugt. Im Gegensatz zu den Kautschuk-Plättchen wird das Gel nach dem Anrühren direkt auf

(a) Das ausgehärtete Gel ist   (b) SiPM-Abdruck im ausgehär-
    elastisch   teten Gel auf der Szintilla-
                                          toroberfläche

Abbildung 5.11: *GE Silicones RTV 6156*: Zwei Komponenten Silikongel, ver-
festigt sich zu einem Gel-artigen Elastomer

den SiPM aufgetragen und das Modul zusammengebaut. Das Gel passt sich
der Geometrie an und härtet direkt im Modul aus. Abbildung 5.11 (a) zeigt
die gehärteten Reste des Gels, Abbildung 5.11 (b) die Stelle der Kopplung
auf der Szintillatorkante. Das Gel hat sich so gut der Geometrie angepasst,
dass ein Abdruck des SiPMs auf dem Szintillator erkennbar ist.

Zum Vergleich der Kopplungen wurden in jeder Konfiguration 5000 Teilchendurchgänge vermessen und ausgewertet. Abbildung 5.12 stellt die Ergebnisse der Messreihe zusammen. Alle drei Ankopplungen heben sich deutlich
von der direkten Szintillatorauslese ab, ein optisches Hilfsmittel zur Ankopplung ist folglich unerlässlich. Die entsprechenden Werte und relativen
Änderungen bezüglich der alten Ankopplung mit dem Optischen Gel *BC 630*
sind in Tabelle 5.3 aufgelistet.

Die Lichtausbeute der direkten Auslese war um ca. 40 % geringer als die
der bisherigen Ankopplung mit dem *Optical Grease BC 630*, welche das beste
Ergebnis brachte. Die Ankopplung mit dem Silikongel *RTV 6156* lieferte Signale, die nur wenige Prozent kleiner waren als die der Kopplung mit *BC 630*,
es stellt damit die beste Alternative und Langzeitlösung dar. Aufgrund des
hohen Verarbeitungsaufwandes des *RTV 6156* eignet es sich jedoch nicht für
Untersuchungen des Prototypen im Laboralltag. Das Gel muss angerührt,
unter einer Vakuumglocke von Luftbläschen befreit werden und anschließend

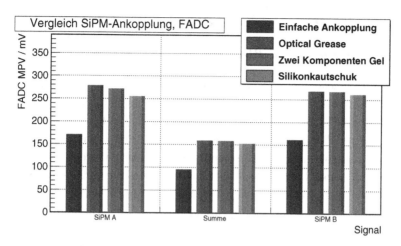

Abbildung 5.12: Vergleich unterschiedlicher Ankopplungen des SiPMs an den Szintillator

Tabelle 5.3: MPV-Werte der FADC-Spektren für die verschiedenen Kopplungen

Kopplung	SiPM A [mV]	Summe [mV]	SiPM B [mV]
Direkt	171 (-39%)	95 (-40%)	162 (-40%)
BC 630	279	159	268
RTV 6156	272 (-3%)	158 (-1%)	268 $(\pm 0\%)$
RT 604	256 (-8%)	152 (-4%)	262 (-2%)

24 h aushärten. Die Plättchen aus dem *ELASTOSIL RT 604* Kautschuk lieferten zwar kleinere Signale, gegenüber der direkten Ankopplung stellen jedoch auch sie eine erhebliche Verbesserung dar. Die Plättchen wurden in allen folgenden Messungen verwendet, da sie relativ unempfindlich und in großer Stückzahl vorhanden sind und ihr Einbau in das Modul nur wenige Minuten dauert. Als Langzeitlösung für fertige Module sollte jedoch auf das *RTV 6156* Silikongel zurückgegriffen werden.[5]

---

[5]Eine weitere Art der Ankopplung, die im Rahmen dieser Arbeit nicht weiter verfolgt wurde, wird in Anhang A.1 beschrieben

5.6 Reproduzierbarkeit der Ankopplung mit Silikonkautschuk

Nach der Entscheidung die SiPMs mithilfe der Plättchen aus *ELASTOSIL RT 604* Silikonkautschuk an den Szintillator zu koppeln, wurde die Reproduzierbarkeit des Zusammenbaus von Szintillator und Frontend-Elektronik getestet. Die Elektronik wurde jeweils von dem Plastikgehäuse des Szintillators getrennt und mit verschiedenen Plättchen wieder montiert, der Szintillator selbst blieb fest im Gehäuse verbaut, um für alle Messungen gleiche Bedingungen zu schaffen. Es wurden vier Messungen mit jeweils 5000 Teilchendurchgängen aufgenommen und verglichen. In Abbildung 5.13 sind die Ergebnisse dieser Messreihe dargestellt.

Die Messung zeigt ein leichtes aber unkritisches Schwanken bei Remontage der Frontend-Elektronik. Die entsprechenden Messwerte, sowie Mittelwerte und Standardabweichungen σ sind in Tabelle 5.4 aufgelistet.

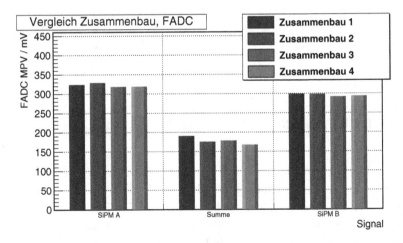

Abbildung 5.13: Untersuchung zur Reproduzierbarkeit der SiPM-Ankopplung mit ELASTOSIL RT 604

Tabelle 5.4: MPV-Werte der FADC-Spektren der vier Messungen zur Ankopplung mit Silikonkautschuk und berechnete Mittelwerte sowie
absolute und relative Standardabweichungen

Messung	SiPM A [mV]	Summe [mV]	SiPM B [mV]
Zusammenbau 1	324	191	299
Zusammenbau 2	329 (+2 %)	175 (−8 %)	298 (±0 %)
Zusammenbau 3	318 (−2 %)	178 (−7 %)	292 (−2 %)
Zusammenbau 4	319 (−2 %)	168 (−12 %)	293 (−2 %)
	SiPM A [mV]	Summe [mV]	SiPM B [mV]
Mittelwert	323	178	296
σ	5 (1,6 %)	10 (5,4 %)	4 (1,2 %)

Mittelwert und Standardabweichung werden gemäß den folgenden Formeln
für eine Stichprobe berechnet [1, S. 11]:

$$\bar{x} = \frac{1}{N} \sum_{i=0}^{N} x_i \tag{5.2}$$

$$\sigma = \sqrt{Var(x)} = \sqrt{\frac{1}{N-1} \sum_{i=0}^{N} (\bar{x} - x_i)^2} \tag{5.3}$$

Die MPV-Werte der Einzelsignale schwanken bei Remontage der SiPMs an
den Szintillator um 1,6 % bzw. 1,2 %. Die Schwankung im Summensignal
ist im Verhältnis dazu mit 5,4 % relativ groß. Alle Werte liegen jedoch
im Toleranzbereich: Die mittlere Schwankung von 5 % in der Signalhöhe
schränkt die Nutzbarkeit des Moduls als Triggerdetektor nicht ein, solange
Signal- und Rauschbereich weiterhin klar getrennt sind.

5.7 Reproduzierbarkeit der Wickelung mit PTFE-Band

Neben der Ankopplung der Frontend-Elektronik an das Modul ist die Umwickelung des Szintillators ein weiterer Parameter, der im Hinblick auf die Produktion großer Modulstückzahlen auf Reproduzierbarkeit überprüft werden muss. Dazu wurde derselbe Szintillator vier mal neu mit PTFE-Band eingewickelt und jeweils eine Messung mit 5000 Teilchendurchgängen aufgenommen. Die Ergebnisse sind in Abbildung 5.14 dargestellt.

Bei dem ersten Eintrag („Alte Wickelung") handelt es sich um eine Wickelung der Institutswerkstatt, welche einige Monate lang im Einsatz war. Durch mehrmaliges Ein- und Ausbauen des Szintillators wurde das PTFE-Band wahrscheinlich aufgelockert. Darüber hinaus wurde für die neuen Wickelungen eine andere Technik verwendet: Vor dem Einpacken der großen Seitenflächen, wurden drei Lagen PTFE-Band entlang der schmalen Kanten gewickelt. Der gesamte Szintillator wurde unter möglichst großer Spannung des Bandes eingepackt und Lufteinschlüsse durch Glattstreichen der Oberfläche reduziert.

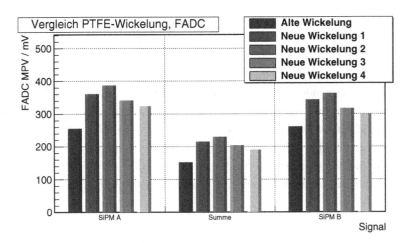

Abbildung 5.14: Untersuchung zur Reproduzierbarkeit der Szintillatorwickelung mit PTFE-Band

Tabelle 5.5: MPV-Werte der FADC-Spektren der fünf Messungen zur Szintillatorumwickelung und berechnete Mittelwerte sowie absolute und relative Standardabweichungen

Messung	SiPM A [mV]	Summe [mV]	SiPM B [mV]
Alte Wickelung	256 (-29%)	153 (-29%)	262 (-24%)
Wickelung 1	361	215	343
Wickelung 2	387 ($+7\%$)	230 ($+7\%$)	363 ($+6\%$)
Wickelung 3	341 (-6%)	204 (-5%)	317 (-8%)
Wickelung 4	324 (-10%)	191 (-11%)	299 (-13%)
	SiPM A [mV]	Summe [mV]	SiPM B [mV]
Mittelwert	353	210	331
σ	27 (7,7 %)	17 (7,9 %)	28 (8,5 %)

Die Signalhöhen der Messungen mit neuer Wickelung heben sich deutlich von denen der alten Wickelung ab, was als Bestätigung der neuen Wickeltechnik angesehen werden kann. Die Messungen mit neuer Wickelung schwanken jedoch auch untereinander relativ stark. Die Messwerte sowie Mittelwert und Standardabweichung der Messungen mit neuer Wickelung können in Tabelle 5.5 nachgelesen werden.

Da die Reproduzierbarkeit der neuen Vorgehensweise getestet werden soll, beziehen sich die relativen Änderungen auf die erste Messung mit neuer Wickelung. Die Werte der alten Wickelung werden auch im Mittelwert und der Standardabweichung nicht berücksichtigt. Alle Signale schwanken mit ca. 8 % im Mittel relativ stark, was auf weiteren Optimierungsspielraum hindeutet. Die Frage danach, wo dieser genau liegt, ist jedoch schwer zu beantworten, da der Szintillator in allen vier Messreihen mit großer Sorgfalt eingepackt wurde und keine Qualitätsunterschiede der Wickelung augenscheinlich waren. Zunächst ist der große Signalanstieg gegenüber der alten Wickelung jedoch als Erfolg zu werten, die Lichtausbeute war vorher 25 % - 30 % kleiner.

5.8 Untersuchung der Szintillatorpolierung

Bei allen bisher gezeigten Messungen wurden Szintillatoren verwendet, welche von der Firma *Saint-Gobain* auf Maß geschnitten und poliert wurden. Die Polierung des Szintillators wird als *Diamond-Tool-Finish* (DTF) verkauft und stellt einen erheblichen Kostenfaktor beim Szintillatorkauf dar. In diesem Abschnitt wird daher eine Messung vorgestellt, die einen Szintillator mit *Diamond-Tool-Finish* mit einem Szintillator vergleicht, welcher durch die Institutswerkstatt zugeschnitten und poliert wurde. Abbildung 5.15 stellt das Ergebnis einer Messung mit 5000 Teilchendurchgängen mit dem selbst polierten Szintillator (erster Eintrag) den vier Messungen aus Kapitel 5.7 gegenüber.

Die Signale des selbst polierten Szintillators sind innerhalb der Schwankungen aufgrund der PTFE-Einwickelung mit denen des *Diamond-Tool-Finish*-Szintillators verträglich. In Tabelle 5.6 wird die neue Messung mit den berechneten Mittelwerten aus Kapitel 5.7 verglichen.

Die Abweichungen sind kleiner als 10 %, was dem Schwankungsbereich aufgrund der PTFE-Wickelung entspricht. Dies ist ein wichtiges Ergebnis im

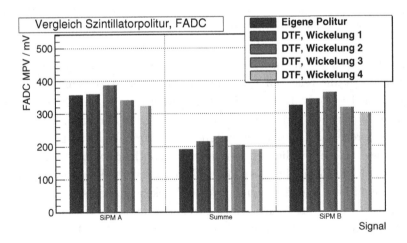

Abbildung 5.15: Vergleich eines Szintillators mit Polierung der Institutswerkstatt und einem Szintillator mit Diamond-Tool-Finish der Firma Saint-Gobain

Tabelle 5.6: MPV-Werte der FADC-Spektren für einen Szintillator mit Diamond-Tool-Finish-Polierung und einen Szintillator mit Polierung

Polierung	SiPM A [mV]	Summe [mV]	SiPM B [mV]
DTF Mittelwert	353	210	331
Werkstatt IIIB	358 (+1 %)	191 (−9 %)	325 (−2 %)

Hinblick auf zukünftige Prototypmodule verschiedener Größen: Der eigene Szintillatorschnitt bietet deutlich mehr Flexibilität und stellt eine erhebliche Kostenersparnis dar.

5.9 Bestimmung der Signalreinheit

Neben der Effizienz, welche das wichtigste Leistungsmerkmal eines Triggerdetektors darstellt, ist die Signalreinheit von elementarer Bedeutung. Selbst ein hoch effizienter Detektor ist im Experiment unbrauchbar, wenn ein großer Anteil der Signale aus Fehltriggern besteht. Im Folgenden wird die Untersuchung des MTT-Prototypen bezüglich der Reinheit vorgestellt und berechnet, mit welcher Wahrscheinlichkeit ein Signalpuls bestimmter Höhe durch ein kosmisches Myon ausgelöst wurde oder auf die hohe Rauschrate der SiPMs zurückzuführen ist. Wie in Kapitel 4.3 beschrieben, können mithilfe des *CAEN V814* Diskriminators und des *CAEN V560 N* Zählers Zählraten in Abhängigkeit von der Diskriminatorschwelle automatisiert aufgenommen werden. Zur Berechnung der Reinheit ist es nötig, zu wissen, welcher Signalanteil auf das Rauschen und welcher auf die kosmischen Myonen zurückzuführen ist. Da es selbst mit großem Aufwand nicht möglich ist, den Detektor im Labor vor kosmischen Myonen abzuschirmen, beinhaltet eine Messung mit dem Prototypdetektor immer einen Anteil Signale der durch Myonen ausgelöst wurde. Um dieses Problem zu umgehen, wurde ein Modul ohne Szintillator vermessen, wobei die Frontend-Elektronik zur lichtdichten Abschirmung der SiPMs auf das leere Modulgehäuse montiert wurde. Auf diese Weise konnte das reine Rauschspektrum der SiPMs aufgezeichnet werden. Die Differenz zwischen den Pulsraten mit Szintillator und

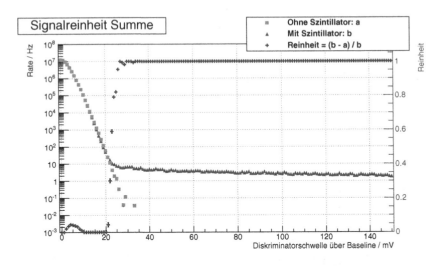

Abbildung 5.16: Analyse zur Signalreinheit der Myonsignale des Summenkanals

den Rauschraten gibt die Rate der Myonsignale wieder. Die Signalreinheit ist als der relative Anteil der Rate von Myonsignalen an der Gesamtrate definiert und kann durch Quotientenbildung berechnet werden:

$$\text{Reinheit} = \frac{\text{Myonrate}}{\text{Gesamtrate}} = \frac{\text{Gesamtrate} - \text{Rauschrate}}{\text{Gesamtrate}} \tag{5.4}$$

In Abbildung 5.16 sind die Rausch- und die Gesamtrate (linke y-Achse) sowie die Signalreinheit (rechte y-Achse) gegen die angelegte Diskriminatorschwelle aufgetragen.

Bis zu einer Triggerschwelle von ca. 20 mV ist kein Unterschied zwischen den Raten erkennbar, dieser Bereich ist folglich stark durch das Rauschen dominiert, welches exponentiell mit der angelegten Schwelle abfällt. Für Triggerschwellen oberhalb von 20 mV bleibt die Gesamtrate annähernd konstant, während die Rauschrate weiter exponentiell abfällt. An dieser Stelle ist der Einfluss der Myonsignale deutlich zu sehen. Die Signalreinheit steigt entsprechend an und liegt ab einer Triggerschwelle von 40 mV oberhalb von 99,9 %. Das heißt, wenn der Detektor auf dem Summenkanal einen Signalpuls abgibt,

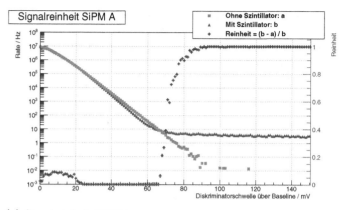

(a) Signalreinheit SiPM A

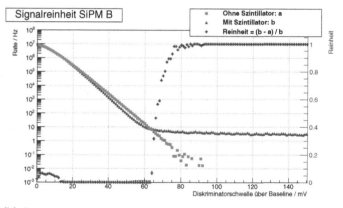

(b) Signalreinheit SiPM B

Abbildung 5.17: Analyse der Reinheit der SiPM-Einzelsignale

welcher größer als 40 mV ist, kann mit einer Wahrscheinlichkeit von 99,9 %
davon ausgegangen werden, dass es sich um das Signal eines Myons handelt.
Die entsprechenden Graphen für die Einzelsignale sind in Abbildung 5.17
dargestellt. Die Triggerschwelle für 99,9 % Signalreinheit liegt für SiPM A
bei ca. 100 mV und für SiPM B bei ca. 95 mV.

5.10 Bestimmung der Detektoreffizienz

Die bisher vorgestellten Messungen haben den Einfluss verschiedener Modulparameter auf die Signalhöhe des Detektors untersucht. Höhere Signale können besser vom Rauschen getrennt werden, was die Voraussetzung für eine Triggerentscheidung mit großer Signalreinheit darstellt (siehe Kapitel 5.9). Die wichtigste Kenngröße eines Triggerdetektors ist jedoch seine Effizienz, d. h. die Wahrscheinlichkeit, mit der ein Teilchendurchgang zu einem Signal führt. In diesem Abschnitt wird die Detektionseffizienz des Moduls in Abhängigkeit der Triggerschwelle aus verschiedenen Messungen bestimmt und der systematische Einfluss der PTFE-Wickelung und des Modulzusammenbaus auf die Effizienz untersucht.

Wegen des externen Triggeraufbaus der Messungen und der entsprechenden geometrischen Anordnung (beschrieben in Kapitel 5.1) kann davon ausgegangen werden, dass jedem Eintrag eines FADC-Spektrums ein tatsächlicher Myondurchgang durch den Szintillator zugrunde liegt. Abbildung 5.18 zeigt das Pulshöhenspektrum des Summensignals einer typischen Messung, in der 5000 Myon-Signale aufgenommen wurden. Der Großteil der Pulse liegt in dem näherungsweise landauförmigen Signalbereich, jedoch liegen auch einige Einträge in dem Rauschpeak bei ca. 40 mV. Der Anteil der jeweiligen Einträge an der Gesamtanzahl von Messungen spiegelt die Effizienz bzw. Ineffizienz des Detektors für den Fall einer Triggerschwelle zwischen den beiden Bereichen wider.

5.10.1 Statistische Behandlung der Effizienzbestimmung

Die folgende Beschreibung orientiert sich inhaltlich an [14] und [29], welche Leitfäden zur Effizienzbestimmung darstellen: Zunächst wird die gängige Vorgehensweise der Effizienzbestimmung beschrieben und Grenzen bei der Fehlerbetrachtung dieser Methode aufgezeigt. Anschließend wird eine alternative Herangehensweise auf Grundlage des Bayes-Theorems vorgestellt.

Zur Berechnung der Effizienz ϵ wird üblicherweise jedes Ereignis, d. h. jeder getriggerte Myondurchgang und jede Detektorauslese, als unabhängige Messung betrachtet, bei welcher der Detektor mit der Wahrscheinlichkeit ϵ ein Teilchen detektiert (d. h. Signalhöhe > Triggerschwelle), bzw. mit der Wahr-

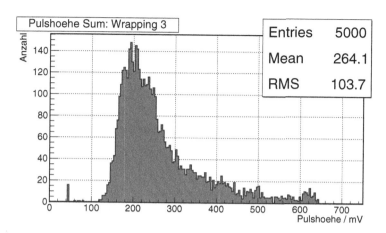

Abbildung 5.18: Typisches FADC-Spektrum kosmischer Myonen

scheinlichkeit $1 - \epsilon$ nicht detektiert. Die Wahrscheinlichkeit für m erfolgreich detektierte Teilchen bei N Teilchendurchgängen mit der Detektoreffizienz ϵ wird durch die Binomialverteilung beschrieben.[6]

$$P(m; \epsilon, N) = \frac{N!}{m!(N-m)!} \epsilon^m (1 - \epsilon)^{N-m}. \qquad (5.5)$$

Mithilfe der Maximum-Likelihood-Methode[7] kann bei gemessenen Werten N und m ein Schätzwert $\hat{\epsilon}$ der Effizienz bestimmt werden. Die Log-Likelihood-Funktion der Binomialverteilung lautet:

$$\ln L(\epsilon) = m \ln(\epsilon) + (N - m) \ln(1 - \epsilon) + \ln \left(\frac{N!}{m!(N-m)!} \right). \qquad (5.6)$$

Die Nullstelle der Ableitung liefert den gesuchten Schätzwert:

$$\frac{\mathrm{d}}{\mathrm{d}\epsilon} \ln L(\epsilon) \bigg|_{\epsilon = \hat{\epsilon}} = \frac{m}{\hat{\epsilon}} - \frac{N - m}{1 - \hat{\epsilon}} \overset{!}{=} 0 \qquad (5.7)$$

---

[6] Eine genaue Beschreibung der Binomialverteilung findet sich z. B. in [1, S. 24 ff.]

[7] Eine genaue Beschreibung der Maximum-Likelihood-Methode findet sich z. B. in [1, S. 81 ff.]

$$\Rightarrow \hat{\epsilon} = \frac{m}{N}. \tag{5.8}$$

Die Varianz der Binomialverteilung ist gegeben durch

$$V(m) = N\epsilon(1 - \epsilon) \tag{5.9}$$

und kann zur Berechnung der Varianz von $\hat{\epsilon}$ benutzt werden:

$$V(\hat{\epsilon}) = V\left(\frac{m}{N}\right) = \frac{1}{N^2}V(m) = \frac{\epsilon(1 - \epsilon)}{N}. \tag{5.10}$$

Mithilfe des Schätzwertes $\hat{\epsilon}$ der Effizienz kann auch ein Schätzwert $\hat{V}$ der Varianz berechnet werden:

$$\hat{V}(\hat{\epsilon}) = \frac{\hat{\epsilon}(1 - \hat{\epsilon})}{N} = \frac{m(1 - m/N)}{N^2}. \tag{5.11}$$

Für die Standardabweichung folgt:

$$\hat{\sigma}(\hat{\epsilon}) = \sqrt{\hat{V}(\hat{\epsilon})} = \frac{\sqrt{m(1 - m/N)}}{N}. \tag{5.12}$$

An dieser Stelle scheint die statistische Beschreibung des Versuches vollständig zu sein. In den Grenzfällen $m \to 0$ und $m \to N$ ergibt diese Methode jedoch den unphysikalischen Fehlerwert von $\hat{V}(\hat{\epsilon}) = 0$.

Um dieses Problem zu umgehen, wird eine Betrachtung mit dem Bayes-Theorem herangezogen, ein mathematischer Satz zur Umrechnung bedingter Wahrscheinlichkeiten:

$$P(A|B) = \frac{P(B|A) \cdot P(A)}{P(B)}. \tag{5.13}$$

Dabei beschreibt $P(A|B)$ die Wahrscheinlichkeit für A unter der Voraussetzung von B. Bei der Effizienzbestimmung ist die Wahrscheinlichkeitsdichte von ϵ für vorgegebene (d. h. gemessene) Parameter N und m gesucht: $P(\epsilon|m, N)$. Mit dem Bayes-Theorem kann diese geschrieben werden als:

$$P(\epsilon|m, N) = \frac{P(m|\epsilon, N)\,\pi(\epsilon)}{P(m, N)}. \tag{5.14}$$

Dabei ist $P(m|\epsilon, N)$ die Wahrscheinlichkeit, m Ereignisse bei gegebenen Werten von ϵ und N zu detektieren, also die Binomialverteilung aus Formel (5.5). $\pi(\epsilon)$ ist die so genannte *Prior*-Wahrscheinlichkeit der Detektoreffizienz und stellt eine *a priori* Annahme über die Effizienz dar. Für einen beliebigen Detektor ist eine Gleichverteilung mit $0 \leq \epsilon \leq 1$ eine sinnvolle Annahme. Die Effizienz muss zwischen null und eins liegen, darüber hinaus gibt es jedoch keinen Grund zur Annahme, dass eine bestimmte Effizienz wahrscheinlicher sein sollte als andere:

$$\pi(\epsilon) = \begin{cases} 1 & 0 \leq \epsilon \leq 1, \\ 0 & \text{sonst.} \end{cases} \tag{5.15}$$

Der Nenner in (5.14) kann über $\int P(m|\epsilon, N) \, \pi(\epsilon) \, d\epsilon$ berechnet werden, da $P(m, N)$ nicht von ϵ abhängt und die gesuchte Wahrscheinlichkeitsdichte auf eins normiert sein muss. Das Ergebnis der gesuchten Wahrscheinlichkeitsdichte für ϵ kann mit der Eulerschen Gammafunktion $\Gamma(x) = \int_0^\infty t^{x-1} e^{-t} dt$ ausgedrückt werden:

$$P(\epsilon|m, N) = \frac{\Gamma(N+2)}{\Gamma(m+1)\,\Gamma(N-m+1)} \, \epsilon^m (1-\epsilon)^{N-m}. \tag{5.16}$$

Die Verteilung ist für $N = 100$ und verschiedene m-Werte in Abbildung 5.19 dargestellt. Da die Funktion aufgrund der flachen Prior-Wahrscheinlichkeit direkt proportional zur Binomialverteilung ist, gibt die Position des Maximums den vorher berechneten Schätzwert

$$\epsilon_{\max} = \hat{\epsilon} = \frac{m}{N}, \tag{5.17}$$

wieder. Die Kenntnis der gesamten Verteilung erlaubt allerdings die Berechnung weiterer statistischer Größen wie z. B. oberer und unterer Limits für vorgegebene Vertrauensbereiche oder der Varianz der Verteilung. Eine sinnvolle Definition der Unsicherheit auf den Schätzwert der Effizienz ist das kleinste ϵ-Intervall mit 68,3 % Flächeninhalt, d. h.:

$$\int_{\epsilon_-}^{\epsilon_+} P(\epsilon|m, N) d\epsilon = 68{,}3\,\%, \tag{5.18}$$

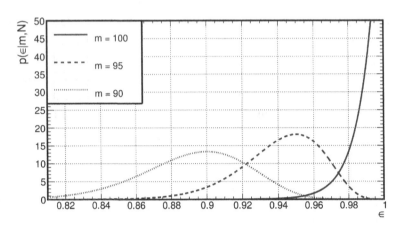

Abbildung 5.19: Wahrscheinlichkeitsdichte für die Effizienz ϵ nach Bayes bei $N = 100$ und verschiedenen Werten von m

bei minimalem Abstand $\epsilon_+ - \epsilon_-$. Der Wert von 68,3 % ist an den 1-σ-Bereich der Gaußverteilung angelehnt, damit die berechnete Messunsicherheit die in der Physik übliche Aussagekraft trägt. Das Ergebnis kann angegeben werden als:

$$\epsilon = \epsilon_{max} {}^{+ (\epsilon_+ - \epsilon_{max})}_{- (\epsilon_{max} - \epsilon_-)}. \tag{5.19}$$

Alle vorgestellten Effizienzen und ihre Fehler wurden mit einer ROOT-Routine nach diesem Schema berechnet.

5.10.2 Effizienz des Prototypmoduls

Aus den FADC-Spektren (siehe Abbildung 5.18, oben) kann die Detektoreffizienz ϵ für eine beliebige Diskriminatorschwelle z bestimmt werden, indem die Anzahl $m(z)$ der Pulse mit einer Pulshöhe $U > z$ und die Gesamtanzahl der Pulse $N(z) = N = 5000$ betrachtet werden:

$$\hat{\epsilon}(z) = \frac{m(z)}{N}. \tag{5.20}$$

Um ein möglichst aussagekräftiges Ergebnis der Effizienz zu erhalten, werden die Spektren der in Kapitel 5.6 und 5.7 vorgestellten Messreihen zum

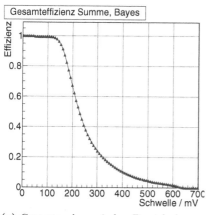

(a) Gesamter dynamischer Bereich des Moduls

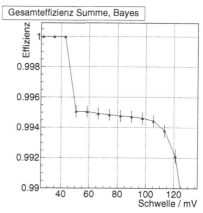

(b) Vergrößerung des Bereiches hoher Effizienz

Abbildung 5.20: Kombinierte Effizienz des Summensignals in Abhängigkeit der Diskriminatorschwelle. Zur Berechnung wurden die Messungen zur Reproduzierbarkeit der Szintillatorumwickelung und der Ankopplung verwendet

Modulzusammenbau und der PTFE-Wickelung aufsummiert und gemeinsam analysiert. Die Gesamteffizienz wird mit der Summe aller Pulse sowie der Summe aller Pulse oberhalb der jeweiligen Schwelle berechnet:

$$\hat{\epsilon}(z) = \frac{\sum\limits_{\text{Messungen}} m(z)}{\sum\limits_{\text{Messungen}} N}. \tag{5.21}$$

Abbildung 5.20 (a) zeigt die Effizienz über den gesamten dynamischen Bereich des Moduls, in 5.20 (b) ist der relevante Bereich hoher Effizienz vergrößert dargestellt. Unterhalb einer Schwelle von 40 mV beträgt die Effizienz 100 %, da sowohl die Rausch- als auch die Signalpulse diese Schwelle überschreiten. Oberhalb von 40 mV beginnt der interessante Bereich, da durch diese Schwelle die Rauschpulse abgeschnitten werden. Für eine Diskriminatorschwelle zwischen 50 mV und 100 mV ist die Effizienz im Rahmen ihrer Unsicherheit mit 99,5 % verträglich. Für einzelne Schwellenwerte kann

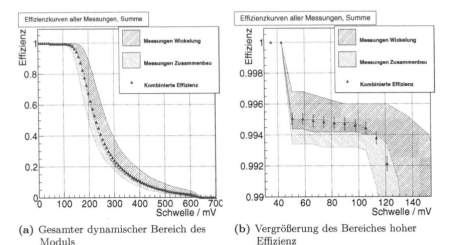

(a) Gesamter dynamischer Bereich des Moduls

(b) Vergrößerung des Bereiches hoher Effizienz

Abbildung 5.21: Systematischer Einfluss der Szintillatorwickelung und des Modulzusammenbaus auf die Effizienzkurve

die Effizienz samt statistischer Unsicherheit aus der Grafik abgelesen werden, z. B. für $z = 65\,\text{mV}$:[8]

$$\hat{\epsilon}(z = 65\,\text{mV}) = (99{,}49 \pm 0{,}04)\ \% \qquad (5.22)$$

Da sich die gemessenen Spektren bei verschiedener Ankopplung bzw. verschiedener Wickelung des PTFE-Reflektors teilweise deutlich unterscheiden, schwanken auch die Detektoreffizienzen der einzelnen Messreihen. Aus den entsprechenden Abweichungen kann folglich der systematische Einfluss der beiden Parameter auf die Effizienz abgeschätzt werden. In Abbildung 5.21 sind erneut die Datenpunkte der Gesamteffizienz dargestellt, die schraffierten Bereiche kennzeichnen die maximalen Schwankungen der jeweiligen Einzelmessungen. Das heißt: Alle Effizienzkurven der Messreihe zur PTFE-Wickelung und alle Kurven der Messreihe zum Modulzusammenbau liegen jeweils innerhalb eines schraffierten Bandes. Über den Großteil des dynami-

---

[8]Die Asymmetrie des Fehlers zeigt sich aufgrund der großen Statistik erst in der dritten Nachkommastelle: $\hat{\epsilon}(z = 65\,\text{mV}) = \left(99{,}492\,^{+\,0{,}035}_{-\,0{,}036}\right)\ \%$

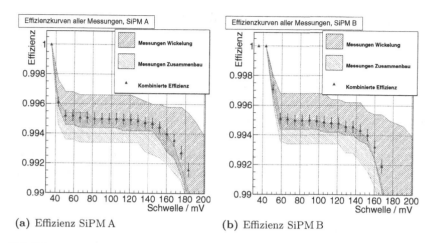

(a) Effizienz SiPM A   (b) Effizienz SiPM B

Abbildung 5.22: Kombinierte Detektionseffizienz der Einzelsignale in Abhängigkeit der Diskriminatorschwelle

schen Bereiches liegen die Effizienzkurven der PTFE-Messungen höher als die der Messreihe des Modulzusammenbaus, wie Abbildung 5.21 (a) deutlich zeigt. Dies ist darauf zurückzuführen, dass die letzte Messreihe zur PTFE-Wickelung die schlechteste Lichtausbeute lieferte und mit dieser Szintillatorwickelung die Messreihe des Zusammenbaus durchgeführt wurde. Der maximale Abstand der Kurven bei Variation systematischer Parameter, d. h. die Breite des jeweiligen Bandes in Abbildung 5.21, kann als konservative Abschätzung des systematischen Fehlers herangezogen werden. Für den oben betrachteten Schwellenwert von 65 mV ergeben sich z. B.:

$$\Delta\epsilon(\text{Wickelung}) = 0,24\,\% \qquad (5.23)$$

und

$$\Delta\epsilon(\text{Zusammenbau}) = 0,16\,\%. \qquad (5.24)$$

Die entsprechende Untersuchung der Effizienz für die Einzelsignale der SiPMs sind in Abbildung 5.22 dargestellt. SiPM A detektiert Myonen demnach für Driskriminatorschwellen von bis zu 150 mV mit einer Effizienz im Bereich von $\epsilon \geq 99{,}5\,\%$, SiPM B für Schwellenwerte von bis zu 140 mV.

5.10.3 Untersuchung der Ineffizienzen

Um die Herkunft der Detektorineffizienz besser verstehen zu können, ist es hilfreich, die Spektren der Einzelsignale gegeneinander aufzutragen. Abbildung 5.23 zeigt einen Scatterplot der FADC-Spektren von SiPM A und SiPM B einer Messreihe. Da die Photonen im Szintillator vor der Detektion häufig reflektiert werden können, ist eine mögliche Erklärung der Ineffizienzen der Verlust aller Photonen aus dem Szintillator, bevor ein Signal erzeugt wurde, welches deutlich über dem Rauschen liegt. Sollte es tatsächlich solche zufälligen leeren Ereignisse geben, wären diese für beide SiPMs unabhängig voneinander. Wie Abbildung 5.23 jedoch zeigt, sind die Rauschpulse beider SiPMs auf einen sehr kleinen Bereich konzentriert. Das heißt bei einem Teilchendurchgang geben entweder beide SiPMs ein Signal, oder beide SiPMs geben kein Signal. Damit kann die These zufälliger leerer Ereignisse ausgeschlossen werden. Am leichtesten ließe sich die Ineffizienz durch Fehltrigger erklären, d. h. Triggersignale bei denen kein Myon den Detektor durchquert hat. Aufgrund der geometrischen Anordnung können Myonen, welche alle drei

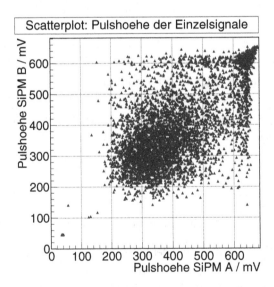

Abbildung 5.23: Gegenüberstellung der Pulshöhen der Einzelsignale einer Messung

Triggerdetektoren, aber nicht den Prototypen durchqueren, ausgeschlossen werden. Fehltrigger aufgrund von elektronischem Rauschen in dem NIM-Crate, zum Beispiel in der Koinzidenzstufe oder dem Gategenerator des Triggerpulses, konnten durch Betrachtung der Signale aller drei Triggerdetektoren ebenfalls ausgeschlossen werden. Bei allen Ereignissen liegen große Signale an den Triggermodulen an. Die Ursache der Ineffizienzen konnte im Rahmen dieser Arbeit nicht aufgeklärt werden, am wahrscheinlichsten erscheint eine unbekannte Totzeit in der Frontend-Elektronik.

5.11 Beurteilung des $10 \times 10\,\text{cm}^2$ Moduls als Triggerdetektor

Durch Untersuchung verschiedener Parameter konnte die Lichtausbeute des Prototyp-Moduls im Laufe dieser Arbeit Schritt für Schritt verbessert werden. Die ursprüngliche Frage, ob sich der Detektor als Myon-Trigger eignet, kann durch Kombination der Ergebnisse von Kapitel 5.9 und 5.10 eindeutig mit Ja beantwortet werden: Ein guter Triggerdetektor zeichnet sich durch eine hohe Signalreinheit bei gleichzeitig hoher Effizienz aus. Die Signalreinheit des Summensignals beträgt bei einer Diskriminatorschwelle oberhalb von 40 mV über 99,9 %, die Detektoreffizienz liegt für eine Diskriminatorschwelle unterhalb von 100 mV bei ca. 99,5 %. Damit ergibt sich ein ca. 60 mV breites Fenster für die Diskriminatorschwelle, in dem Myonen zuverlässig detektiert werden und der Detektor keine Fehltrigger ausgibt.

Die entsprechenden Untersuchungen zeigen, dass ein solcher Bereich auch bei den Einzelsignalen gefunden werden kann: Die Triggerschwelle der Einzelsignale muss aufgrund der Signalreinheit oberhalb von 100 mV (SiPM A) bzw. 95 mV (SiPM B) liegen, für eine effiziente Detektion jedoch unterhalb von 150 mV (SiPM A) bzw. 140 mV (SiPM B). Das heißt bei einer Szintillatorgröße von $10 \times 10\,\text{cm}^2$ lässt sich mit nur einem SiPM ein guter Triggerdetektor bauen, was nach den Untersuchungen an Modul 3 in [34] nicht zu erwarten war. Das Ergebnis ermöglicht eventuell erhebliche Kosteneinsparungen im MTT-Projekt und könnte daher z. B. einen Detektorentwurf höherer Granularität erlauben.

6 Ausblick

Obwohl der vorgestellte MTT-Prototyp mit einem Szintillator der Fläche $10 \times 10\,\mathrm{cm}^2$ ausgiebig untersucht wurde und hervorragende Detektionseigenschaften für Myonen aufweist, sind für den Einsatz im Experiment noch viele Modifikationen nötig. Eine der vorrangigen Aufgaben im MTT-Projekt liegt momentan in der Bestimmung der optimalen Detektorgranularität, welche anhand von Simulationen bestimmt werden muss. Bei der angestrebten Position im Detektor muss eine Fläche von ca. $300\,\mathrm{m}^2$ abgedeckt werden, daher ist eine Umsetzung des Systems mit $10 \times 10\,\mathrm{cm}^2$ großen Modulen aus finanziellen Gründen wahrscheinlich nicht möglich. Bei Vergrößerung der Szintillatorfläche muss jedoch mit einer kleineren Lichtausbeute gerechnet werden, da die entstehenden Photonen sich auf ein größeres Volumen verteilen und auf dem Weg zum SiPM im Mittel öfter reflektiert werden und einen längeren Weg zurücklegen. Aufgrund der guten Trennbarkeit von Signal und Rauschen des $10\,\mathrm{cm}$ Moduls (zusammengefasst in Kapitel 5.11), können jedoch auch bei deutlichen Signaleinbrüchen gute Detektoreigenschaften erwartet werden. Im Summensignal konnte z. B. bis zu einer Schwelle von $100\,\mathrm{mV}$ eine gute Effizienz erreicht werden, selbst bei Einbrüchen der Signalhöhe um $50\,\%$ könnte der Detektor noch optimal betrieben werden, da bereits ab einer Schwelle von $40\,\mathrm{mV}$ eine große Signalreinheit gegeben ist.

6.1 Erste Untersuchungen eines $35 \times 35\,\mathrm{cm}^2$ Szintillators

Als erster Versuch eines großen Moduls wurde in dieser Arbeit bereits ein Prototyp mit einem Szintillator der Fläche $35 \times 35\,\mathrm{cm}^2$ gebaut, was einer groben oberen Abschätzung der MTT-Kachelgröße entspricht. Abbildung 6.1

Abbildung 6.1: Foto des Prototypen mit einem $35 \times 35\,\text{cm}^2$ großen Szintillators im Vergleich zu dem $10 \times 10\,\text{cm}^2$ Modul

zeigt ein Foto dieses Prototypen im Vergleich zu dem $10 \times 10\,\text{cm}^2$ Modul (oben rechts im Bild).

6.1.1 Direkte Auslese

Analog zum kleineren Modul wurden die SiPMs zunächst mit optischem Gel direkt an den großen Szintillator gekoppelt und QDC-Spektren von Myonsignalen aufgenommen.[9] Die entsprechenden Spektren der Signale von SiPM A und des Summenkanals sind in Abbildung 6.2 (a) und (b) dargestellt. Auf beiden Ausgängen überschneiden sich der Signal- und Rauschbereich, so dass keine klare Triggerschwelle definiert werden kann. Darüber hinaus ist der relative Anteil an Einträgen im Rauschbereich deutlich größer als bei dem kleineren Modul, was eine schlechtere Detektionseffizienz bedeutet.

6.1.2 Integration einer wellenlängenschiebenden Faser

Um die Lichtausbeute des neuen Moduls zu erhöhen, wurde die Idee der Auslese mithilfe von wellenlängenschiebenden Fasern, welche bereits bei

---

[9]Zum Triggern der Myonsignale wurden zwei weitere, größere Szintillationszähler in Betrieb genommen. Die Bestimmung der PMT-Arbeitspunkte ist in Anhang A.2 dokumentiert

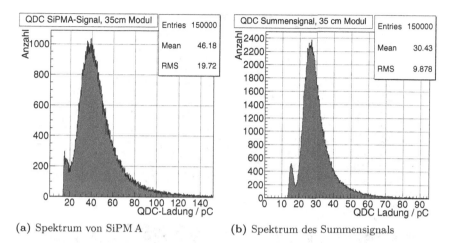

(a) Spektrum von SiPM A   (b) Spektrum des Summensignals

Abbildung 6.2: QDC-Spektren des großen Moduls mit direkter Auslese, Signal- und Rauschpulse können nicht eindeutig voneinander getrennt werden

vorherigen MTT-Prototypen verwendet wurden (siehe Kapitel 3.3.1), wieder aufgegriffen. Die vorherigen Probleme des Faser-Moduls lagen vor allem in der Ankopplung der Faser an den SiPM und der großen Totfläche des Detektors. Beide Probleme konnten mit dem neuen Faserlayout[10] des großen Moduls umgangen werden, indem die Faserenden den Szintillator mittig verlassen, bündig an der Szintillatorkante abgeschnitten und die Kantenoberfläche gemeinsam mit dem Faserende poliert wurde. Somit konnten die gesammelten Erfahrungen bezüglich der Ankopplung von SiPMs auf eine glatte Oberfläche in die Auslese des neuen Moduls einfließen. Die Faserführung im Szintillator stützt sich auf die Messungen aus [15], in denen Dyshkant *et al.* den Lichtverlust von wellenlängenschiebenden Fasern in Abhängigkeit des Krümmungsradius bestimmt haben. Demnach beträgt der Verlust bei einem Krümmungsradius von 5 cm zum Beispiel nur rund 1 % über einen gesamten Kreis.[11] Unter Berücksichtigung dieser Werte wurde

---

[10]Eine technische Zeichnung der Faserführung befindet sich in Anhang A.3
[11]Die Größenordnung der gemessenen Werte aus [15] wurden vom Hersteller der Fasern in privatem E-Mail-Kontakt bestätigt

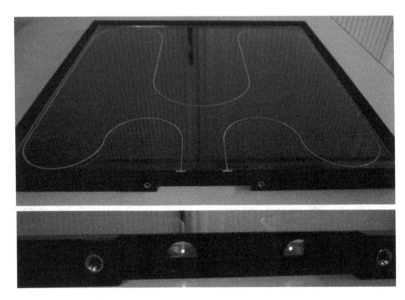

Abbildung 6.3: Oben: Foto des großen Moduls mit integrierter wellenlängen-
schiebender Faser. Unten: Die Faserenden schließen bündig
mit der Szintillatorkante zu einer polierten Oberfläche ab

zur Maximierung der Lichtausbeute eine möglichst lange Faser in den Szintillator gelegt. Um offene Faserenden wie bei den vorherigen Prototypen zu
vermeiden, wurde nur eine einzige Faser verwendet und die beiden Enden
auf jeweils einen SiPM geleitet. Auf diese Weise soll die Aussagekraft des
Summensignals weiter verstärkt werden. Ein Foto des Szintillators und der
Faserenden ist in Abbildung 6.3 dargestellt. Die Faser ist mit optischem
Kleber in eine gefräste Nut an der Oberfläche des Szintillators eingelassen
und wird erst kurz vor den SiPMs auf die Szintillatormitte abgesenkt.

Die Erweiterung des Moduls mit der wellenlängenschiebenden Faser führte
jedoch nicht zu einer größeren Lichtausbeute, so dass im nächsten Schritt
zusätzlich eine zweite Faser auf der Unterseite des Szintillators integriert
wurde.

6.1.3 Integration einer zweiten wellenlängenschiebenden Faser

Die Entscheidung der Integration einer zweiten Faser wurde getroffen, um untersuchen zu können, wie viel Licht tatsächlich über die Fasern eingesammelt wird und wie viel Licht weiterhin direkt aus dem Szintillator ausgelesen wird. Die zusätzliche Faser leuchtete im Szintillator jedoch deutlich heller als die erste, was auf einen Schaden in der ersten Faser hindeutet. Abbildung 6.4 zeigt ein Foto der Fasern, deren anderes Ende mit einer Lampe beleuchtet wurden. Wie bereits mit dem Auge deutlich erkennbar ist, leitet die neue (untere) Faser wesentlich mehr bzw. verliert wesentlich weniger Licht. Die erste Messung ist durch die beschädigte Faser verfälscht und daher unbrauchbar.

Für weitere Messungen am Modul wurden beide Fasern aus dem Szintillator entfernt und durch neue, die augenscheinlich gleich hell leuchteten, ersetzt. Allerdings ist es schwer zu sagen, ob beide Fasern gut oder schlecht sind, da es keine absoluten Vergleichswerte gibt. Abbildung 6.5 zeigt das Pulshöhenspektrum des Summensignals dieser Konfiguration. Da im Spektrum keine Abgrenzung der Rauscheinträge erkennbar ist, wurde ihre Lage durch eine zusätzliche Pedestalmessung bestimmt. Der Signalbereich kann auch in dieser Modulkonfiguration nicht vom Rauschen getrennt werden, allerdings ist der Anteil an Myonsignalen im Rauschbereich sehr klein. Bei einem Teilchendurchgang gibt der Detektor folglich mit sehr großer Wahr-

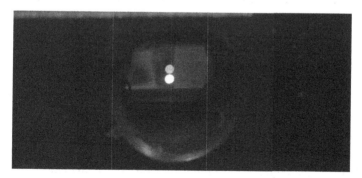

Abbildung 6.4: Bei Beleuchtung der Fasern an einem Ende lassen sich am anderen Ende bereits mit dem Auge große Qualitätsunterschiede feststellen

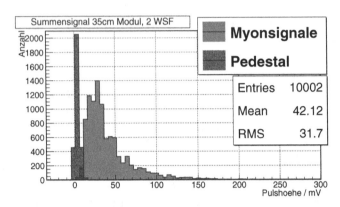

Abbildung 6.5: FADC-Spektrum des großen Moduls mit zwei neuen wellenlängenschiebenden Fasern mit gesonderter Pedestalmessung

scheinlichkeit ein Signal (hohe Detektionseffizienz), die Signale sind jedoch zu klein, um einen Triggerdetektor mit großer Signalreinheit zu betreiben.

Zur Weiterentwicklung des großen Moduls sollten zunächst Qualitätskriterien der wellenlängenschiebenden Fasern definiert und ein Teststand entwickelt werden, mit dem beschädigte Fasern identifiziert werden können. Darüber hinaus sollte die Detektion der Photonen aus der Faser sowie die Eigenschaften verschiedener Fasertypen (z. B. mit rundem oder quadratischem Querschnitt) systematisch untersucht werden. Eine optimale Faserführung zur möglichst homogenen Auslese des Detektors kann anhand von Simulationen bestimmt werden.

6.2 Weitere Untersuchungen

Neben diesen speziellen Untersuchungen zum $35 \times 35 \, \text{cm}^2$ Modul wird im Rahmen einer weiteren Masterarbeit die Frontend-Elektronik weiterentwickelt. Dabei wird neben der Anpassung der Verstärkerelektronik die Frage untersucht, inwiefern eine Triggerentscheidung bereits auf der Modulelektronik getroffen werden kann. Des Weiteren ist die Entwicklung eines Teststandes für automatisierte Rastermessungen mit radioaktiven Quellen mithilfe eines Positioniertisches geplant. Darüber hinaus sollten die Untersuchungen an dem $10 \times 10\,\text{cm}^2$ Prototypen durch eine hoch aufgelöste Messung der Ortsabhängigkeit, wie sie in [34] durchgeführt wurde (siehe Kapitel 3.3), vervollständigt werden, sobald der entsprechende Versuchsaufbau wieder einsatzbereit ist. Hinsichtlich der Produktion größerer Modulstückzahlen stellt die Wickelung der Szintillatoren mit PTFE-Band eine große Herausforderung dar, da sich dieser Prozess schwer automatisieren lässt. Daher sollten weitere Alternativen, wie zum Beispiel das Eintauchen des Szintillators in reflektierende Farbe, untersucht werden.

Abgesehen von diesen MTT-spezifischen Fragestellungen werden am III. Physikalischen Institut kontinuierlich grundlegende Eigenschaften von Silizium-Photomultipliern untersucht. So wurde zum Beispiel im Rahmen dieser Masterarbeit ein Teststand zur Messung von Strom-Spannungs-Kennlinien von SiPMs entwickelt. Der Teststand wurde in [23] weiterentwickelt und für Untersuchungen zur optimalen Betriebsspannung von SiPMs verwendet.

7 Zusammenfassung

Das Ziel der vorliegenden Arbeit war die Optimierung eines Detektorprototypen, der im Rahmen des Upgradeprojektes *Muon Track fast Tag* am CMS-Experiment als Myontrigger zum Einsatz kommen soll. Zu diesem Zweck wurde zunächst ein Flash-ADC im VME-Standard in die Messumgebung der MTT-Gruppe integriert, der es erlaubt, Pulshöhenspektren der Prototypen zu untersuchen. Im Hauptteil der Arbeit wurde der Prototyp mit kosmischen Myonen vermessen und verschiedene äußere Parameter systematisch untersucht. Dabei konnte die Lichtausbeute des Detektors trotz halbierter Szintillatorbreite deutlich gesteigert und eine klare Trennung der Signalpulse vom elektronischen Rauschen erreicht werden.

Die abschließenden Untersuchungen zur Signalreinheit und Effizienz belegten die hervorragenden Eigenschaften des Prototypen für den Einsatz als Myontrigger. So konnten Triggerschwellen definiert werden, mit denen eine Signalreinheit von über 99,9 % bei einer Detektionseffizienz von 99,5 % erreicht wird. Von besonderer Bedeutung ist dabei das Ergebnis, dass diese Triggerbedingungen auch mit den Einzelsignalen des Prototypen erreicht werden können, was vereinfachte Modulkonzepte ermöglicht.

Als Ausblick auf weitere Untersuchungen wurden Messungen an einem deutlich größeren Prototypen vorgestellt, der auf einer Szintillatorauslese mithilfe von wellenlängenschiebenden Fasern basiert.

Literaturverzeichnis

[1] BARLOW, Roger: *Statistics: A Guide to the Use of Statistical Methods in the Physical Sciences*. John Wiley & Sons Ltd., 1989 (The Manchester physics series)

[2] BEISSEL, Franz: *SIPM CONTROLLER DUO*. V. 1.1D. Interne Dokumentation, Juli 2011

[3] BERINGER ET AL. (PARTICLE DATA GROUP): *Phys. Rev. D86*. 010001. 2012

[4] BRÜNING, Oliver S. u. a.: *LHC Design Report*. Genf : CERN, 2004

[5] CAEN: *N840 User Manual*. V. 6, November 2002. http://www.caen.it/servlet/checkCaenManualFile?Id=5246, Abruf: 17.04.2013

[6] CAEN: *V538 User Manual*. V. 2, September 2002. http://www.caentechnologies.com/servlet/checkCaenManualFile?Id=5273, Abruf: 18.04.2013

[7] CAEN: *V560N User Manual*. V. 2, September 2002. http://www.tunl.duke.edu/documents/public/electronics/CAEN/caen_v560.pdf, Abruf: 18.04.2013

[8] CAEN: *V965 User Manual*. V. 9, Juli 2008. http://www.caen.it/servlet/checkCaenManualFile?Id=5333, Abruf: 18.04.2013

[9] CAEN: *V814 User Manual*. V. 6, Oktober 2010. http://www.caentechnologies.com/servlet/checkCaenManualFile?Id=6978, Abruf: 18.04.2013

[10] CAEN: *VX1721 User Manual*. V. 22, Februar 2012. http://www.caen.it/servlet/checkCaenManualFile?Id=8194, Abruf: 18.04.2013

[11] CAEN: *N108 User Manual.* V. 1, Mai 2013. `http://www.caen.it/servlet/checkcaenmanualfile?Id=5130`, Abruf: 17.04.2013

[12] CAEN: *N1145 User Manual.* V. 1, November 2013. `http://www.caen.it/servlet/checkcaenmanualfile?Id=5256`, Abruf: 17.04.2013

[13] CAEN: *N1470 User Manual.* V. 15, März 2013. `http://www.caentechnologies.com/servlet/checkcaenmanualfile?Id=9034`, Abruf: 17.04.2013

[14] COWAN, Glen: Error Analysis for Efficiency. (2008). `www.pp.rhul.ac.uk/~cowan/stat/notes/efferr.pdf`, Abruf: 10.08.2013

[15] DYSHKANT, A. u. a.: Small scintillating cells as the active elements in a digital hadron calorimeter for the e+e- linear collider detector. In: *J.Phys.* G30 (2004)

[16] EVANS, Lyndon ; BRYANT, Philip: LHC Machine. In: *Journal of Instrumentation* 3 (2008), Nr. 08, S08001. `http://stacks.iop.org/1748-0221/3/i=08/a=S08001`, Abruf: 29.08.2013

[17] GE BAYER SILICONES: *RTV 6100-Series Data Sheet*, Juli 2003. `www.korsil.ru/content/files/catalog1/rtv_6156.pdf`, Abruf: 18.04.2013

[18] HAMAMATSU: *MPPC: Technical Information*, 2009. `http://www.hamamatsu.com/resources/pdf/ssd/mppc_techinfo_e.pdf`, Abruf: 22.08.2013

[19] HAMAMATSU: *S10362-33-series Data Sheet*, November 2009. `http://www.hamamatsu.com/resources/pdf/ssd/s10362-33_series_kapd1023e05.pdf`, Abruf: 18.04.2013

[20] HENNIG, Markus: *Dotierung im Siliziumkristallgitter.* 05. Januar 2006

[21] HUYGEN, Jonay: *Simulation der Kopplung zwischen Silizium-Photomultipliern und Szintillationsmaterial an einem Prototyp-Detektormodul für das CMS-Experiment*, RWTH Aachen, Bachelorarbeit, 2012

[22] JAHN, Dieter: *Technische Zeichnungen der MTT-Prototypen.* Interne Dokumentation, 2013

[23] JÖCKER, Benjamin: *Bestimmung der Betriebsspannung von Silizium-Photomultipliern aus Strom-Spannungs-Kennlinien*, RWTH Aachen, Bachelorarbeit, 2013

[24] KEITHLEY: *2400-Series Specifications.* V. K, September 2011. http://www.keithley.de/data?asset=5985, Abruf: 18.04.2013

[25] LECROY: *428F Datasheet*, September 1995. http://teledynelecroy.com/lrs/dsheets/428.htm, Abruf: 17.04.2013

[26] LECROY: *Wavejet 300-Series Data Sheet*, Februar 2013. http://teledynelecroy.com/support/techlib/registerpdf.aspx?documentid=6459, Abruf: 18.04.2013

[27] LEFEVRE, C: *LHC: the guide (English version).* http://cds.cern.ch/record/1165534/files/CERN-Brochure-2009-003-Eng.pdf. Version: Feb 2009, Abruf: 29.08.2013

[28] MONTANARI, Alessandro u. a.: Muon Trigger Upgrade at SLHC: Muon Track fast Tag. (2007). – Internal note CMS-IN-2007-058

[29] PATERNO, Marc: Calculating efficiencies and their uncertainties. (2004). – FERMILAB-TM-2286-CD

[30] PHILLIPS SCIENTIFIC: *792 Datasheet*, Juli 1996. www.phillipsscientific.com/pdf/792ds.pdf, Abruf: 17.04.2013

[31] PHYSIKALISCHES INSTITUT 3B, RWTH AACHEN: *Abschlussarbeiten CMS Detektorentwicklung.* Internetseite. http://www.physik.rwth-aachen.de/institute/institut-iiib/abschlussarbeiten-und-veroeffentlichungen/cms-detektorentwicklung/, Abruf: 21.08.2013

[32] POOTH, Oliver: *private Kommunikation*

[33] POOTH, Oliver: *The CMS Silicon Strip Tracker.* Vieweg+Teubner, 2010

[34] QUITTNAT, Milena: *A Test Bench for the Optimization of Scintillation Detectors read out by Silicon Photomultipliers for the MTT System at CMS*, RWTH Aachen, Masterarbeit, 2012

[35] RADERMACHER, Thomas: *Optimierung der Kopplung zwischen Silizium-Photomultipliern und ein Szintillationsmaterial an einem Prototyp-Detektormodul für das CMS-Experiment*, RWTH Aachen, Bachelorarbeit, 2012

[36] RIGHINI, B: Report no. 15: Test of the coincidence unit CERN NP-type N-6234 / CERN. 1969 (CERN-NP-Internal-Report-69-4). – Forschungsbericht

[37] SAINT GOBAIN: *Plastic Scintillators Data Sheet*, Juli 2008. http://www.detectors.saint-gobain.com/ uploadedFiles/SGdetectors/Documents/Product_Data_Sheets/ BC400-404-408-412-416-Data-Sheet.pdf, Abruf: 18.04.2013

[38] SAINT GOBAIN: *Scintillating Optical Fibres Brochure*, Juni 2011. http://www.detectors.saint-gobain. com/uploadedFiles/SGdetectors/Documents/Brochures/ Scintillating-Optical-Fibers-Brochure.pdf, Abruf: 18.04.2013

[39] SAINT GOBAIN: *Detector Assembly Materials Data Sheet*, Juni 2012. http://www.detectors.saint-gobain.com/uploadedFiles/ SGdetectors/Documents/Product_Data_Sheets/SGC_Detector_ Assembly_Materials_Data_Sheet.pdf, Abruf: 18.04.2013

[40] SIMON, F. ; SOLDNER, C.: Uniformity Studies of Scintillator Tiles directly coupled to SiPMs for Imaging Calorimetry. In: *Nucl.Instrum.Meth.* A620 (2010), S. 196–201

[41] TEKTRONIX: *TDS 3054 Data Sheet*, Juli 2012. http: //www.tek.com/sites/tek.com/files/media/media/resources/ TDS3000C_Series_Oscilloscopes_Datasheet_41W-12482-21.pdf, Abruf: 18.04.2013

[42] THE ALICE COLLABORATION: The ALICE experiment at the CERN LHC. In: *Journal of Instrumentation* 3 (2008), Nr. 08, S08002. http://stacks.iop.org/1748-0221/3/i=08/a=S08002, Abruf: 19.09.2013

[43] THE ATLAS COLLABORATION: The ATLAS Experiment at the CERN Large Hadron Collider. In: *Journal of Instrumentation* 3 (2008), Nr. 08, S08003. http://stacks.iop.org/1748-0221/3/i=08/a=S08003, Abruf: 19.09.2013

[44] THE CMS COLLABORATION: *CMS Public Website.* Internetseite. http://cms.web.cern.ch/, Abruf: 03.09.2013

[45] THE CMS COLLABORATION: *CMS Physics: Technical Design Report Volume 1: Detector Performance and Software.* Genf : CERN, 2006 (Technical Design Report CMS)

[46] THE CMS COLLABORATION: The CMS experiment at the CERN LHC. In: *Journal of Instrumentation* 3 (2008), Nr. 08, S08004. http://stacks.iop.org/1748-0221/3/i=08/a=S08004, Abruf: 19.09.2013

[47] THE LHCB COLLABORATION: The LHCb Detector at the LHC. In: *Journal of Instrumentation* 3 (2008), Nr. 08, S08005. http://stacks.iop.org/1748-0221/3/i=08/a=S08005, Abruf: 19.09.2013

[48] WACKER CHEMIE: *ELASTOSIL RT 604 A/B Data Sheet.* V. 1, Juni 2008. http://sdb.wacker.com/pf/e/result/main_fs1.jsp?P_SYS=2&P_SSN=8888&C001=TDS&P_LANGU=D&C002=*&C003=*&C012=000000000060063615&ProductID=10463, Abruf: 18.04.2013

[49] WIENER: *VM-USB User Manual,* November 2011. http://file.wiener-d.com/documentation/VM-USB/WIENER_VM-USB_Manual_9.03.1.pdf, Abruf: 17.04.2013

A Anhang

A.1 SiPM-Ankopplung mit angebohrtem Szintillator

Abgesehen von den in Kapitel 5.5 vorgestellten Möglichkeiten der Ankopplung zwischen den SiPMs und dem Szintillator, wurde noch eine weitere Alternative untersucht. In [40] haben Simon *et al.* die Homogenität von $3 \times 3\,\text{cm}^2$ großen Szintillatorkacheln mit SiPM-Auslese untersucht. Um Inhomogenitäten unmittelbar vor dem SiPM entgegen zu wirken, wurde der Szintillator vor dem SiPM mit einer Bohrung versehen, die nicht nur die gewünschte Homogenität brachte, sondern auch die gesamte Lichtausbeute des Detektors steigern konnte. In Anlehnung an dieses Ergebnis wurde eine Szintillatorkachel des MTT-Prototypen direkt vor dem SiPM mit einer Bohrung in Form einer Halbkugel versehen und vermessen. Dabei wurden Bohrungsradien von 1 mm, 2 mm und 3 mm getestet. Die Ergebnisse dieser Untersuchung sind in Abbildung A.1 dargestellt, die entsprechenden Zahlenwerte sind in Tabelle A.1 aufgelistet. Die Ergebnisse aus [40] konnten mit dem MTT-Modul nicht bestätigt werden, die Detektorsignale gehen mit Bohrung des Szintillators zurück. Aufgrund der guten Ergebnisse der SiPM-Ankopplung mit optischen

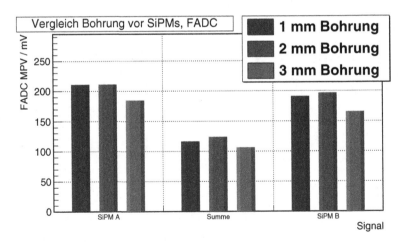

Abbildung A.1: Vergleich der direkten SiPM-Ankopplung mit Bohrungen unterschiedlicher Größe im Szintillator

Tabelle A.1: MPV-Werte der FADC-Spektren der Messungen mit angebohr-
tem Szintillator

Bohrung	SiPM A [mV]	Summe [mV]	SiPM B [mV]
1 mm Bohrung	211	116	191
2 mm Bohrung	211 ($\pm 0\%$)	124 ($+7\%$)	197 ($+3\%$)
3 mm Bohrung	182 (-14%)	102 (-12%)	158 (-17%)

Hilfsmitteln und des großen zeitlichen Aufwandes der Messungen wurde von
einer weiteren Untersuchung der Diskrepanz abgesehen.

A.2 Bestimmung der Arbeitspunkte von Photomultiplier-Tubes

Für die Untersuchungen des $35 \times 35\,\mathrm{cm}^2$ großen Moduls in Kapitel 6 wurden größere Szintillationszähler als externe Triggerdetektoren für kosmische Myonen in Betrieb genommen. Die PMTs tragen die Beschriftung „V4A" und „V4B", was auf ihren vorherigen Einsatz im Versuch 4 des Physik-Fortgeschrittenenpraktikums der RWTH Aachen zurückzuführen ist. Der optimale Arbeitspunkt der entsprechenden Photomultiplier-Tubes wurde analog zu Kapitel 5.1.1 über ihre Effizienz bestimmt, die entsprechenden Messergebnisse sind in Abbildung A.2 dargestellt. Als Versorgungsspannungen wurden 1790 V für PMT V4A und 1750 V für PMT V4B gewählt.

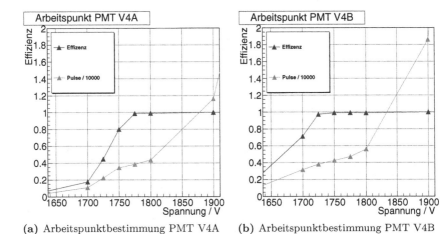

(a) Arbeitspunktbestimmung PMT V4A   (b) Arbeitspunktbestimmung PMT V4B

Abbildung A.2: Darstellung der Effizienz beider PMTs bei einer Diskriminatorschwelle von 200 mV zur Bestimmung der optimalen Versorgungsspannung, Die Dunkelrauschrate ist zusätzlich in beliebigen Einheiten aufgetragen

A.3 Technische Zeichnung der Faserführung

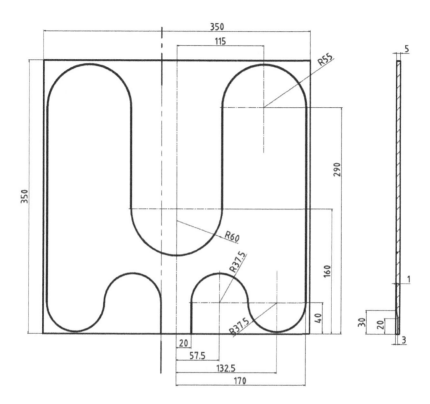

Abbildung A.3: Technische Zeichnung der Faserführung im $35 \times 35\,\text{cm}^2$-Modul
[22]

Printed in the United States
By Bookmasters